国家重点研发计划课题（2017YFC0603001）资助

深井采动巷道围岩流变和结构失稳理论与实践

Theory and Application of Rock Rheology and Structural Instability in Deep Mining-Damaged Roadways

张　农　黄炳香　阚甲广　谢文兵　谭云亮　蔚立元　著

科学出版社

北　京

内 容 简 介

本书是"十三五"国家重点研发计划课题"千米深井强采动巷道围岩大变形与破坏机理"的研究成果。随着浅部资源的日益枯竭,深部开采将成为煤炭资源开发的常态,"三高一扰动"复杂力学环境下巷道围岩劣化、大变形和破坏机理一直是困扰深部煤炭安全高效开采的难题。本书提出了强采动、围岩大变形的概念,建立了强采动巷道围岩大变形理论概念模型,阐明了千米深井强采动巷道围岩劣化与强度衰减规律,揭示了高地应力与强采动叠加作用下岩体流变效应及大变形机理,总结了千米深井长时强采动巷道围岩结构失稳及破坏模式,并提出了相应控制原则,为我国深部矿井采动巷道围岩稳定性控制提供了理论与实践借鉴。

本书可为科研机构、煤炭企业、政府部门等主要从事煤炭开采研究和管理的人员提供参考,也可供大专院校相关专业师生及其他对煤炭行业感兴趣的社会公众阅读。

图书在版编目(CIP)数据

深井采动巷道围岩流变和结构失稳理论与实践=Theory and Application of Rock Rheology and Structural Instability in Deep Mining-Damaged Roadways / 张农等著. —北京:科学出版社,2021.10

ISBN 978-7-03-069122-4

Ⅰ. ①深… Ⅱ. ①张… Ⅲ. ①深井–采动–巷道围岩–流变–研究
②深井–采动–巷道围岩–围岩稳定性–研究 Ⅳ. ①TD263

中国版本图书馆 CIP 数据核字(2021)第 109106 号

责任编辑:刘翠娜 / 责任校对:王萌萌
责任印制:师艳茹 / 封面设计:无极书装

科学出版社 出版
北京东黄城根北街 16 号
邮政编码:100717
http://www.sciencep.com
北京九天鸿程印刷有限责任公司 印刷
科学出版社发行 各地新华书店经销
*
2021 年 10 月第 一 版 开本:787×1092 1/16
2021 年 10 月第一次印刷 印张:13 1/2
字数:280 000

定价:238.00 元
(如有印装质量问题,我社负责调换)

前　言

煤炭是我国最主要的一次能源，随着浅部资源的日益枯竭，深部开采将成为煤炭资源开发的常态。我国埋深超过 1000m 的煤炭资源占比在 50% 以上，主要分布在中东部地区，目前该地区的煤矿大部分已进入深部开采阶段。深部煤岩体所处的"三高一扰动"复杂力学环境导致深部开采面临诸多难题和挑战，其中巷道围岩劣化、大变形和破坏机理一直是困扰深部煤炭安全高效开采的难题。发展建立深部开采巷道围岩大变形破坏的新理论和新方法是深部地下工程围岩控制的理论基础，对指导千米深井巷道围岩控制技术及工程实践具有重要意义。

进入深部开采以后，巷道围岩不仅承受高地应力，回采巷道还要经受巷道掘进和回采引起的强烈采动应力作用。深部受采动影响的巷道围岩应力能达到数倍，甚至近十倍于原岩应力。在高地应力和强烈采动应力共同作用下，巷道围岩表现出强烈的扩容性、持续变形、变形量大、破坏严重等复杂的非稳定和非线性特征，还可能引发重特大灾害。深部开采条件下的巷道围岩大变形破坏理论已经成为煤炭深部开采面临的重大课题之一。

本书在归纳总结国内外巷道围岩破坏控制发展过程及主要理论的基础上，以深部煤矿采动影响巷道为研究对象，采用现场调研与试验、实验室试验、数值模拟和理论分析等方法，从应力强度比出发，并考虑偏应力和梯度应力，提出了采动系数的概念；从力学本质和工程应用的角度明确了巷道强采动和大变形的概念，探讨了其科学内涵，并初步提出确定了强采动和大变形的量化评价方法；在此基础上，基于深井强采动巷道围岩所处应力环境及其大变形特征，初步提出了深部采动巷道围岩流变和结构失稳大变形理论框架，阐明了千米深井强采动巷道围岩劣化与强度衰减规律，揭示了千米深井强采动巷道围岩应力梯度与偏应力诱导裂隙扩展规律，明确了高地应力与强采动叠加作用下岩体流变效应及大变形机理，最终总结了深井采动巷道围岩破坏模式并提出了相关支护对策，为提出科学的深井采动巷道围岩控制技术提供了理论参考。

本书研究工作得到了"十三五"国家重点研发计划"煤矿千米深井围岩控制及智能开采技术"课题一"千米深井强采动巷道围岩大变形与破坏机理"（2017YFC0603001）的资助，在此表示衷心感谢！

本书研究过程中得到了天地科技股份有限公司、中国矿业大学、山东科技大学、口孜东煤矿、门克庆煤矿、朱集东煤矿、郑煤集团新郑煤电公司及各相关单位领导和专家的大力支持和帮助，在此表示衷心感谢！深井采动巷道应力环境恶劣、破坏机理复杂、控制难度较大，本书成果仅是进行了一定程度的探索，疏漏和不足之处敬请读者批评指正。

著　者

2021 年 5 月于徐州

目　　录

第 1 章

绪　　论

1.1 问题的提出

煤炭是我国的主体能源和重要工业原料，在能源安全保障上具有"压舱石""兜底"的基础性和主体性作用。随着浅部资源的日益枯竭，深部开采将成为煤炭资源开发的常态[1]。我国埋深超过1000m的煤炭资源占比在50%以上，主要分布在中东部地区，目前该地区的煤矿大部分已进入深部开采阶段[2]。深部煤岩体所处的"三高一扰动"复杂力学环境导致深部开采面临诸多难题和挑战，其中巷道围岩劣化、大变形和破坏机理一直是困扰深部煤炭安全高效开采的难题。发展建立深部开采巷道围岩大变形破坏的新理论和新方法是深部地下工程围岩控制的理论基础，对指导千米深井巷道围岩控制技术及工程实践具有重要意义。

在煤岩层中掘进巷道，必然会引起巷道围岩应力重新分布和应力集中，进而使围岩产生变形破坏。弹塑性理论是研究巷道围岩变形破坏最早和最经典的方法之一。早在20世纪50年代以前，Fenner和Kastner基于莫尔-库仑破坏准则，以理想的弹塑性模型和岩石破坏后体积不变假说为基础，研究得到了描述圆形巷道围岩弹塑性区应力和半径的Kastner公式；此后国内外学者以弹塑性理论为基础，开展了大量的研究和改进工作[3-10]。深部巷道围岩分区破裂化现象在20世纪70年代于南非首次发现以来就备受关注，特别是随着深部岩体工程的逐渐增多，国内外学者在深部巷道围岩分区破裂化现象、破坏过程及其形成机理等方面开展了大量的研究，取得了一系列研究成果[11-19]。20世纪90年代中期，人们认识到在原岩应力和采动应力的综合作用下，巷道围岩会产生松动破坏，这些松动破坏及破坏过程中的岩石碎胀力就是巷道围岩控制的重点和对象，并在此基础上提出了巷道围岩松动圈支护理论[20,21]。深部开采巷道围岩变形由脆性转变为塑性，围岩流变性、扩容性不断增加。一些学者将采用流变理论研究深部巷道围岩大变形破坏特征及机理，并取得了一些成果[22-27]。此外，一些学者还尝试从能量的角度出发，研究巷道围岩失稳破坏机理[28-30]。

进入深部开采以后，巷道围岩不仅承受高地应力，回采巷道还要经受巷道掘进和回采引起的强烈采动应力作用。深部受采动影响的巷道围岩应力能达到数倍、甚至近十倍于原岩应力[31]。在高地应力和强烈采动应力共同作用下，巷道围岩表现出强烈的扩容性、持续变形、变形量大、破坏严重等复杂的非稳定和非线性特征，还可能引发重特大灾害[32]。深部开采条件下的巷道围岩大变形破坏理论已经成为煤炭深部开采面临的重大课题之一。深部巷道围岩由于高地应力和复杂采动应力共同作用下产生的大变形破坏，传统理论主要考虑采动影响引起的应力加载效应，而采掘扰动对围岩应力路径和围岩稳定性的影响是一个复杂的力学问题。综合考虑深部采动巷道围岩的真实应力路径与加卸载复合效应，同时考虑巷道围岩结构失稳大变形，在此基础上，著者初步提出了深井采动巷道围岩流变和结构失稳大变形理论。

1.2 煤矿千米深井采动巷道变形特征

1.2.1 我国煤矿千米深井数量及分布

随着浅部煤炭资源的枯竭及开采强度的增大,我国煤矿开采深度不断增加,且正以8~12m/a的平均速度向深部延伸,中东部地区的延伸速度达到了10~25m/a[27]。据不完全统计资料显示,目前我国煤矿开采深度超过1000m的煤矿已达到50余座。目前我国煤矿千米深井主要分布在东部和东北地区的山东、河南、安徽、河北、黑龙江、吉林和辽宁等地。其中,山东有27座千米深井,占比最大,达到了49.09%;此外,我国开采深度最大的新汶集团孙村煤矿也位于山东,其最大开采深度达到了1501m。

我国东部矿区有新生界覆盖层厚、煤层埋藏深、基底为奥陶系承压含水层的特点,属华北石炭—二叠系含煤区。该时期煤层受印支运动、燕山运动、喜马拉雅运动及新构造运动的影响,赋存的地质条件较为复杂,受到断层、瓦斯和水的影响也较为严重[31]。然而,不同区域深部矿井面临的主要灾害也各不相同,如山东地区深部矿井主要受冲击地压灾害;河南平顶山矿区则主要面临煤与瓦斯突出灾害,进入深部后越来越多地表现为瓦斯-冲击复合灾害;安徽淮南矿区进入深部后面临瓦斯动力灾害,此外巷道围岩长时间流变大变形也是制约煤矿高效安全生产的难题之一。

安徽新集口孜东煤矿是我国东部典型的千米深井,目前最大开采深度达到了1023m。高地应力和强采动影响下矿井生产过程的工程灾害也相继增多,尤其是巷道围岩长时间流变和大变形破坏造成的支护难题,这给煤矿安全、高效开采带来了巨大挑战。本书结合口孜东煤矿工程地质条件开展研究。

1.2.2 口孜东煤矿采动巷道条件

1. 口孜东煤矿概况

国投新集口孜东煤矿位于淮南煤田,矿井设计生产能力为5.0Mt/a以上。121304采煤工作面位于矿井–1000m水平西翼采区,是西翼采区13-1煤层第三个综采工作面。该工作面南邻西翼回风大巷、西翼主运胶带机大巷和西翼轨道大巷,北邻13-1煤防砂煤柱线,东北邻111304工作面采空区,东邻121303工作面采空区,西邻F5断层;上距第四系松散层底界面66.7~345.8m,下距11-2煤层56.7~84.6m(平均距离约70.7m)。

2. 工作面地质特征

121304工作面煤层最大埋深达907m,煤层内生裂隙发育。煤层普氏硬度系数约1.6,容重为1.4t/m³,平均煤层厚度(含夹矸)为5.18m;煤层含一层夹矸,主要为泥岩或炭质泥岩，平均厚度为 0.44m。煤层平均倾角约为 9°。老顶为砂质泥岩，普氏硬度系数为 4.5～5.8；直接顶为泥岩，普氏硬度系数为 3.0～3.9。直接底为泥岩，普氏硬度系数为 3.1～4.1；老底为砂质泥岩，普氏硬度系数为 5.2～5.9；直接底厚度约为 5.5m，其中含 0.4m 煤线。121304 工作面煤层顶底板岩性组成如表 1-1 所示。根据 121304 工作面附近地应力实测结果，受高地应力及采动影响，工作面回采期间巷道围岩压力大。

表 1-1　121304 工作面煤层顶底板岩性组成

岩样	岩性柱状	层厚/m	岩性	岩性描述
砂质泥岩		3.25	砂质泥岩（老顶）	灰色，中厚层状，具滑动镜面，见少量的植物化石碎片
		0.20	煤线	黑色，粉末状，碎块状，含泥质
		4.20	泥岩（直接顶）	灰色~灰黑色，泥质结构为主，局部富含少量炭质，性脆，易垮落
煤		0.77（0.44）3.97	13-1 煤	黑色，条痕黑色，沥青光泽为主，下部近玻璃光泽，上部块状，质硬，灰分高，以暗煤为主，下部碎粒状，松脆，亮煤较多，质好，为半暗~半亮型煤
		2.39	泥岩（直接底）	灰黑，泥质结构，薄层状，炭质含量较高，岩心较完整，滑面不发育
泥岩		0.40	煤线（直接底）	黑色，含炭量较高，薄层状，页理发育，质软易碎
		2.71	泥岩（直接底）	灰黑，泥质结构，薄层状，炭质含量较高，岩心较完整，滑面不发育

　　由表 1-1 可知，煤层直接顶、直接底和老顶主要为泥岩和砂质泥岩。因此，根据国际岩石力学学会（The International Society for Rock Mechanics，ISRM）相关测试标准，对 121304 工作面煤、砂岩和泥岩的单轴抗压强度、单轴抗拉强度、黏聚力、摩擦角、弹性模量和泊松比等基本力学参数进行测试，具体测试结果如表 1-2 所示。

表 1-2   煤岩层的基本力学参数测试结果

岩性	单轴抗压强度/MPa	单轴抗拉强度/MPa	黏聚力 C/MPa	摩擦角 φ/(°)	弹性模量/GPa	泊松比
煤	10.08	1.63	4.57	35.21	15.40	0.49
泥岩	37.70	3.73	11.74	18.66	26.25	0.12
砂岩	91.03	6.87	17.15	34.03	57.70	0.26

3. 采动巷道技术条件

工作面采用倾斜长壁三巷布置方式,即布置机巷、风巷和高位瓦斯抽排巷,三巷方位相互平行(图1-1)。采用后退式单一倾斜长壁采煤方法开采,采用综合机械化设备沿煤层顶底板一次采全高,全部垮落法管理顶板。受地质构造影响,工作面切眼分为内、外两段,其中切眼内段全长 247.4m,切眼外段全长 96m,切眼总长度343.4m。矩形断面,锚梁网索支护,净宽×净高=5000mm×4800mm。

121304 工作面机巷长度为 1116m,沿 13-1 煤顶板施工。机巷采用直墙半圆拱形断面,净宽×净高=6200mm×4500mm,采用锚梁网索支护。锚杆采用 ϕ 22mm×2500mm 左旋无纵筋螺纹钢锚杆,间排距为 700mm×700mm,每排 17 根。锚索采用 ϕ 21.8mm 钢绞线,在巷道顶部锚索间排距为 1200mm×1400mm,长度为 9200mm,每排 7 根;在巷道帮部锚索间排距为 1200mm×1400mm,煤巷帮锚索长度为6200mm,每排 4 根。

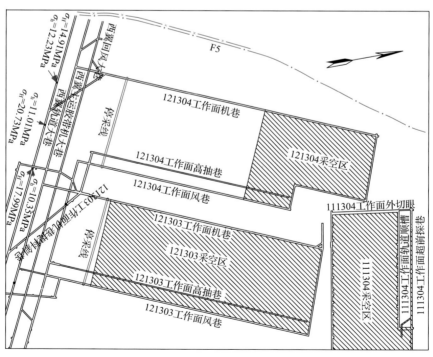

(a) 巷道平面布置方式

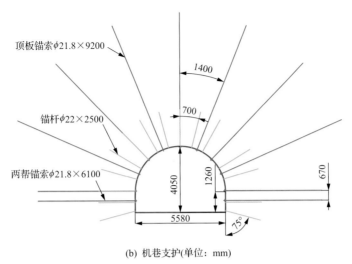

(b) 机巷支护(单位：mm)

图 1-1 121304 工作面巷道布置方式及机巷支护

1.2.3 采动巷道变形特征

当矿井进入深部后，与浅部岩石力学行为相比，其本质差别在于其特殊的物化环境和复杂的应力场，外在则表现为采场和巷道围岩特别的变形破坏形式。通常深部地下工程开挖引起的应力集中水平远大于工程岩体的强度，从而导致巷道出现流变和大变形等现象。口孜东煤矿 121304 工作面机巷采动应力测试结果表明煤壁破裂区宽度在 10m 左右；工作面采动影响范围为 110~200m，23m 内为超前支承压力影响区；最大应力监测值为 20.7MPa，应力集中系数约为 1.6。

深部巷道在经受高地应力和动压影响后岩体呈松散破碎状态，大大降低了巷道围岩的整体性。采用单孔超声波测试方法，对口孜东煤矿 121304 工作面回风巷超前煤壁 180m、230m、280m 3 个测站进行围岩松动圈测试，结果如图 1-2 所示。在超

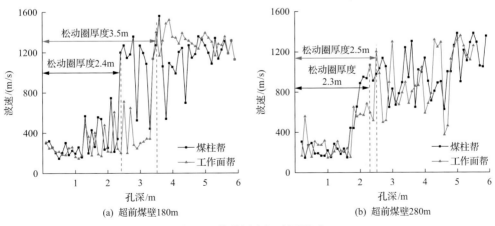

图 1-2 巷道围岩松动圈测试

此处选择首尾两个测点结果进行分析，未放置 230m 处监测结果

前工作面煤壁 180m 之后，巷道工作面帮围岩松动圈高达 3.5m。随超前工作面距离的增加，工作面超前支承压力的影响逐渐减弱，巷道围岩松动破坏范围呈减小趋势。由此可知，在受采动影响更为严重的部位，巷道围岩松动圈发育厚度将更大。

图 1-3 为现场部分钻孔窥视仪孔壁成像结果，从图中可知巷道顶板泥岩中存在着各种层理与环向裂隙、斜交裂隙、多种裂隙、离层和破碎。将每个钻孔内围岩破裂沿钻孔由孔口到孔底依次绘制在图上，将不同孔内破碎带用样条曲线连接起来，并采用碎石纹理填充，形成测站围岩不同深度的破裂区，各破裂区之间岩体较完整。根据钻孔窥视观测结果可知，巷道顶板围岩内部存在各种状态的裂隙，这些结构会对巷道顶板的完整性产生显著影响。

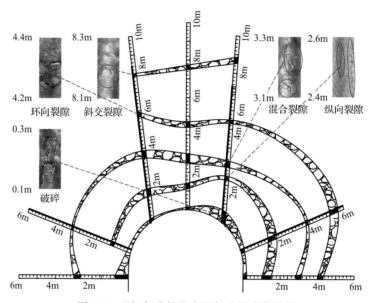

图 1-3　现场部分钻孔窥视仪孔壁成像结果

在锚杆支护范围内，巷道围岩存在拱部裂隙带和一条破碎带，在锚杆锚固范围外至锚索锚固范围内之间存在一条破碎带。受采动影响，锚杆锚固范围外至锚索锚固范围内存在两条破碎带，这与监测到的巷道围岩内部 4.0～9.0m 范围内的位移都以剪胀变形为主的情况相符。回采侧破碎带深度达到 4～5m，实体煤侧仅 3m 左右，顶板最大裂隙深度达 8m。采动对巷道围岩裂隙带的产生和扩展具有重要影响，采动影响后，锚杆与锚索锚固范围间裂隙发育。

口孜东煤矿 121304 机巷顶板和两帮变形量及变形速度实测结果表明：顶底板及两帮在距离工作面 100m 处变形开始增加；当距离工作面为 67m 时，顶底板和两帮变形速度开始明显增加，变形量达到了 0.25m；在 23～67m 的采动影响区域，巷道围岩变形开始急剧增加，顶底板变形量达到 1.4m，两帮移近量达到 0.8m；在 23m 的超前压力段后，变形速度开始降低，但变形量一直增加，最终顶底板变形达到 1.8m，两帮移近 1.1m。图 1-4 是口孜东煤矿巷道变形破坏现场照片。图 1-4(a)表明巷道掘进后部分顶板发生整体下沉，2～3 月后下沉量达到 0.6m。图 1-4(b)是巷道底板 0.5m 处的台阶式帮鼓，变形量 1.2m。现场实测的底板最大变形量为 1.5m，而且持续变形，累计底鼓量达到 5m，相当于整个巷道净高。巷道围岩的大变形造成了巷道支护体的失效，以及锚杆脱落、锚索脱落、锚网断裂及混凝土喷浆离层脱落等问题，巷道围岩持续大变形和支护体严重破坏已经成为影响口孜东煤矿安全高效生产的主要难题。

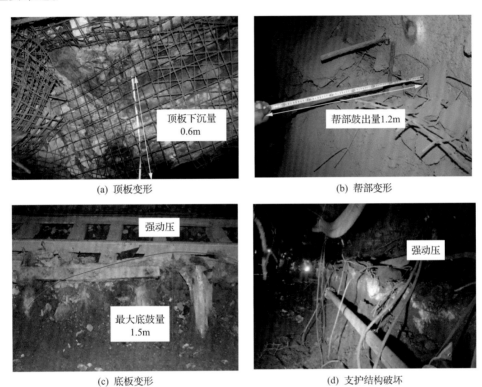

(a) 顶板变形　　　　　　　　　　　　　(b) 帮部变形

(c) 底板变形　　　　　　　　　　　　　(d) 支护结构破坏

图 1-4　口孜东煤矿巷道变形破坏现场照片

1.2.4　与现有巷道变形理论的差异

基于均质、连续与各向同性、小变形等前提假设的弹塑性理论模型 Fenner 和 Kastner 公式可以理想地获得围岩弹塑性变形破坏特征，但由于其塑性区体积不变的假设，导致其在解释深部高应力巷道破裂围岩峰后大变形方面的效果并不理想。现场研究表明，高应力巷道围岩从完整到破碎再到最终碎胀大变形的过程受围岩破裂结构的影响，不同围岩结构形式变形破坏特征不同，本质上均是围岩在高应力作用下的结构演化过程。

经典的巷道围岩破坏理论与千米深井采动巷道围岩变形特征的对比如下。

(1)软岩流变理论：该理论从围岩强度的时间效应角度解释了软岩大变形的来源，指出巷道围岩塑性区应力分布具有明显的时变特性，围压压力的来源主要由围岩塑性变形产生。结构性流变围岩可以是碎块状、层状或板状的坚硬岩体。

(2)松动圈理论:该理论认为围岩变形主要来源于围岩变形破裂碎胀,支护结构主要承受围岩碎胀压力和破裂区自重力。在高应力作用下,峰后破裂岩体沿破裂面滑移,伴随着旋转、滑动等运动形式,使内部产生了大量的空隙,表现出宏观上的碎胀扩容,同时也存在内部空隙的重新挤密与压实。围岩变形是应力水平、岩块强度、岩体结构形式及时间的函数,这与软岩流变机理不同。

(3)分区破裂理论:高应力作用下,岩体表现出了与软岩相似的力学时间相关性,在特殊力学条件下还会出现其他结构形式,如分区破裂化。分区破裂理论认为深部高应力环境中满足一定条件的巷道会发生分区破裂化现象,相应的支护应该遵循分区破裂的时空发育特征。深部高应力巷道围岩在强卸荷作用及强扰动环境中,其变形破坏不再是简单的沿原有的裂隙面的滑移,而是由完整到高压之下的破裂和再破裂的过程。

目前岩石力学领域围绕深部高应力条件下的围岩变形破裂问题已经有了很多探索,但多数理论分析均重点研究围岩变形破坏发生的判据及合理的支护阻力的确定方法[33],而对后续的结构旋转、滑移、碎胀等峰后段的结构演化机制研究相对较少。基于弹塑性力学、连续介质等的巷道围岩破坏理论不能科学解释深井强采动巷道的围岩劣化、大变形与破坏机理。

1.3 强采动巷道流变和结构失稳大变形理论框架

1.3.1 强采动与大变形的概念及内涵

深部巷道不仅承受高地应力,回采巷道还要经受巷道掘进和回采引起的强烈采动应力作用。在巷道掘进和工作面回采过程中,受采掘活动影响,巷道围岩内的应力场将重新分布,出现应力降低和应力集中,且采动应力场处于不断的变化调整状态。通常,千米深井采动巷道会受到更加强烈的采动影响。从现场工程实践的角度来说,巷道受掘进回采多次影响、工作面采高大、工作面长度大、回采速度快、重复多次采动等都可以称为强采;从力学的角度来说,强采的本质是受多次采动、大范围开采等影响而导致的巷道围岩应力路径发生急剧改变,偏应力和应力梯度增大,且导致围岩损伤破裂,出现围岩大变形。基于此,著者提出采动系数的概念,并定义采动系数为

$$m = \frac{kP_0^{max} - \bar{\sigma}}{DR_c} \tag{1-1}$$

式中,m 为采动系数;k 为峰值系数;P_0^{max} 为原岩应力;$\bar{\sigma}$ 为围岩等效屈服应力,$\bar{\sigma} = \sqrt{\dfrac{(\sigma_1 - \sigma_2)^2 + (\sigma_2 - \sigma_3)^2 + (\sigma_3 - \sigma_1)^2}{2}}$;$D$ 为围岩劣化系数;R_c 为围岩单轴抗压

强度。

当 $m<0$ 时，围岩处于弹性阶段；当 $0 \leqslant m<1$ 时，围岩局部破坏；当 $m \geqslant 1$ 时，围岩进入强采动状态。根据口孜东煤矿现场和实验室实测数据，口孜东煤矿 121304 工作面机巷围岩的采动系数达到 1.288，已经处于强采动状态。

在"小变形"基础上发展的力学理论都假定位移和形变是微小的，即假定物体受力后，所有各点的位移都远小于物体原来的尺寸，在建立物体变形后的平衡方程时可以用变形前的尺寸代替变形后的尺寸而不引起显著的误差[34]。"小变形"力学理论要求巷道围岩的变形量相对巷道尺寸为无限小，然而这与实际工程相差甚远。特别是千米深井巷道在高地应力和强采动影响叠加作用下，巷道围岩常常表现出长时间的大变形破坏形式。目前巷道围岩大变形没有明确统一的定义。工程中通常认为巷道围岩产生影响使用的变形即称为大变形。例如，在隧道方面，从预留变形量出发，认为围岩变形超出初期支护的预留变形量，即单线隧道初期支护发生超过 25cm 的位移，双线隧道发生大于 50cm 的位移时认为发生了大变形[35]。此外，也有人从支护的角度出发，将地下工程中的常规支护变形不能得到有效抑制，且该变形具有累进性扩展和时间效应两大特征，给施工处理带来较大困难的变形现象称为大变形[36]。

研究表明，当应力和围岩强度比大于 2.3 时，即能产生比正常施工情况下大一倍的变形[36]。大变形不仅与围岩性质有关，还与其所处原岩应力、采动应力、采动强度、时间效应等密切相关。巷道围岩大变形破坏实质上是围岩应力超过其强度，且与偏应力共同作用下，导致巷道围岩出现峰后变形破坏，产生严重影响巷道使用的形变，这种现象称为采动巷道大变形。采动巷道围岩大变形具有显著的长时流变性和围岩结构整体滑移特征。例如，口孜东煤矿采动巷道在高强度锚固支护作用下，围岩锚固结构范围外的关键承载区域发生了滑移变形，导致巷道围岩锚固结构体整体向外滑移，产生持续的大变形，巷道两帮变形量可达 1m 以上。

1.3.2 强采动巷道围岩流变和结构失稳大变形理论框架

煤矿千米深井巷道开挖后，围岩行为迅速表现为复杂的非稳态、非线性特征，千米深井巷道围岩由浅部的稳态小变形转变为深部的强动压、长时强流变。其核心科学问题是"高地应力与采动应力叠加作用下围岩应力场、裂隙场时空演化规律及大变形机理"。基于现场千米深井强采动巷道围岩变形现象，聚焦深部高应力强采动与松软煤岩体的相互作用过程及矿压显现特征，初步提出了深部强采动巷道围岩流变和结构失稳破坏大变形理论框架，如图 1-5 所示。其核心思想如下：

(1)大结构运动：采动巷道高位坚硬顶板断裂造成大结构运动，释放大量能量，并引发更加强烈的动载荷。大结构的运动通过中间岩层向巷道近表围岩传递力的作用。

(2)围岩劣化：高地应力与强采动导致巷道围岩物性劣化，强度衰减，巷道围岩进入塑性或峰后破坏状态。其中，围岩泥化、水化是诱导千米深井围岩失稳的主要因素。

(3)应力梯度与偏应力诱导裂隙扩展：巷道开挖与强采动形成不同方向的加卸荷效应，造成巷道围岩偏应力和应力梯度增高。侧向卸荷竖向加载等应力路径影响高应力岩石的应力应变规律与破坏特征，工程中表现为高地应力与深井强采动巷道围岩裂隙场演化及其与应力场的关系。

(4)软岩流变与结构性流变大变形：巷道塑性区劣化后的围岩发生显著的流变。现场观测表明，巷道围岩破坏深度已经超出了锚固系统的支护范围，巷道帮出现锚固体(支护系统)整体挤出流变，即锚固体的结构性流变。由传统的软岩流变上升至软岩流变与锚固体结构性流变大变形。

(5)破裂岩体扩容：松动圈内破裂岩体的碎胀扩容，峰后块裂岩体沿破裂面滑移，伴随着旋转、滑动等运动形式变形，此为小结构运动。巷道近表围岩表现出强烈的扩容性、持续变形、变形量大、破坏严重等特征。

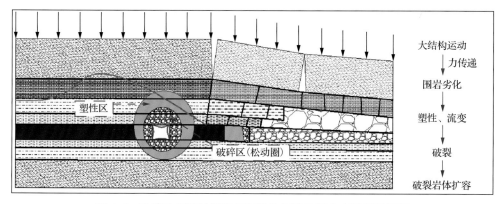

图 1-5　强采动巷道围岩流变和结构失稳破坏大变形理论框架

以上 5 个方面存在内在的逻辑递进关系，也反映了煤矿千米深井强采动围岩应力场、裂隙场演化及大变形渐进破坏失稳过程。该理论抓住了千米深井巷道围岩物性及状态转化关键性矛盾，从深部环境、深部岩体及强烈施工扰动相互作用出发，揭示了深部巷道围岩应力场时空演变规律和大变形与破坏机理。

参 考 文 献

[1] 谢和平, 高峰, 鞠杨, 等. 深部开采的定量界定与分析[J]. 煤炭学报, 2015, 40(1): 1-10.

[2] 康红普, 王国法, 姜鹏飞, 等. 煤矿千米深井围岩控制及智能开采技术构想[J]. 煤炭学报, 2018, 43(7): 1789-1800.

[3] 付国彬. 巷道围岩破裂范围与位移的新研究[J]. 煤炭学报, 1995, 20(3): 304-310.

[4] 侯朝炯团队. 巷道围岩控制[M]. 徐州: 中国矿业大学出版社, 2013.

[5] 于学馥, 郑颖人, 刘怀恒, 等. 地下工程围岩稳定分析[M]. 北京: 煤炭工业出版社, 1983: 156-169.

[6] 陈立伟, 彭建兵, 范文, 等. 基于统一强度理论的非均匀应力场圆形巷道围岩塑性区分析[J]. 煤炭学报, 2007, 32(1): 20-23.

[7] 赵志强, 马念杰, 刘洪涛, 等. 巷道蝶形破坏理论及其应用前景[J]. 中国矿业大学学报, 2018, 47(5): 969-978.

[8] 张小波, 赵光明, 孟祥瑞. 考虑峰后应变软化与扩容的圆形巷道围岩弹塑性 D-P 准则解[J]. 采矿与安全工程学报, 2013, 30(6): 903-910+916.

[9] 侯化强, 王连国, 陆银龙, 等. 矩形巷道围岩应力分布及其破坏机理研究[J]. 地下空间与工程学报, 2011, 7(S2): 1625-1629.

[10] 范文, 俞茂宏, 孙萍, 等. 硐室形变围岩压力弹塑性分析的统一解[J]. 长安大学学报(自然科学版), 2003, 23(3): 1-4.

[11] Cloete D R, Jager A J. The nature of the fracture zone in gold mines as revealed by diamond core drilling[J]. Association of Mine Managers, 1972, 11(5):103.

[12] Shemyakin E I, Fisenko G L, Kurlenya M V. Zonal disintegration of around underground workings, Part I: Date of in situ observations[J]. Journal of Mining Science, 1986, 22(3): 157-168.

[13] Shemyakin E I, Fisenko G L, Kurlenya M V. Zonal disintegration of around underground workings, Part II: Rock fracture simulated in equivalent materials[J]. Journal of Mining Science, 1986, 22(4): 223-232.

[14] Shemyakin E I, Fisenko G L, Kurlenya M V. Zonal disintegration of around underground workings, Part III: Theoretical concepts[J]. Journal of Mining Science, 1987, 23(1): 1-5.

[15] 高富强, 康红普, 林健. 深部巷道围岩分区破裂化数值模拟[J]. 煤炭学报, 2010, 35(1): 21-25.

[16] 贺永年, 蒋斌松, 韩立军, 等. 深部巷道围岩间隔性区域断裂研究[J]. 中国矿业大学学报, 2008(3): 300-304.

[17] 钱七虎, 李树忱. 深部岩体工程围岩分区破裂化现象研究综述[J]. 岩石力学与工程学报, 2008, 27(6): 1278-1284.

[18] 陈昊祥, 戚承志, 李凯锐, 等. 深部巷道围岩分区破裂的非线性连续相变模型[J]. 岩土力学, 2017, 38(4): 1032-1040.

[19] 李术才, 王汉鹏, 钱七虎, 等. 深部巷道围岩分区破裂化现象现场监测研究[J]. 岩石力学与工程学报, 2008, 27(8): 1545-1553.

[20] 董方庭, 宋宏伟, 郭志宏, 等. 巷道围岩松动圈支护理论[J]. 煤炭学报, 1994, 19(1): 21-32.

[21] 靖洪文, 付国彬, 董方庭. 深井巷道围岩松动圈预分类研究[J]. 中国矿业大学学报, 1996, 25(2): 45-49.

[22] 靖洪文. 深部巷道破裂围岩位移分析及应用[D]. 徐州: 中国矿业大学, 2001.

[23] Malan D F. Simulation of the time-dependent behavior of excavations in hard rock[J]. Rock Mechanics and Rock Engineering, 2002, 35(4): 225-254.

[24] 姜耀东, 赵毅鑫, 刘文岗, 等. 深部开采中巷道底鼓问题的研究[J]. 岩石力学与工程学报, 2004, 23(7): 2396-2401.

[25] 苏海健, 靖洪文, 张春宇, 等. 软化与膨胀作用下深部巷道围岩黏弹塑性分析[J]. 采矿与安全工程学报, 2012, 29(2): 185-190.

[26] 王兴开, 谢文兵, 荆升国, 等. 滑动构造区极松散煤巷围岩大变形控制机制试验研究[J]. 岩石力学与工程学报, 2018, 37(2): 312-324.

[27] 何满潮, 谢和平, 彭苏萍, 等. 深部开采岩体力学研究[J]. 岩石力学与工程学报, 2005, 24(16): 2803-2813.

[28] 华安增. 地下工程周围岩体能量分析[J]. 岩石力学与工程学报, 2003, 22(7): 1054-1059.

[29] 潘岳, 王志强, 吴敏应. 巷道开挖围岩能量释放与偏应力应变能生成的分析计算[J]. 岩土力学, 2007, 28(4): 663-669.

[30] 王明洋, 陈昊祥, 李杰, 等. 深部巷道分区破裂化计算理论与实测对比研究[J]. 岩石力学与工程学报, 2018, 37(10): 2209-2218.

[31] 张农, 李希勇, 郑西贵, 等. 深部煤炭资源开采现状与技术挑战[C]. 泰安: 全国煤矿千米深井开采技术座谈会, 2013.

[32] 牛双建, 靖洪文, 杨大方. 深井巷道围岩主应力差演化规律物理模拟研究[J]. 岩石力学与工程学报, 2012, 31(S2): 3811-3820.

[33] 孟波, 靖洪文, 陈坤福, 等. 软岩巷道围岩剪切滑移破坏机理及控制研究[J]. 岩土工程学报, 2012, 34(12): 2255-2262.

[34] 铁摩辛柯 S P, 古地尔 J N. 弹性力学[M]. 3版. 徐芝纶, 译. 北京: 高等教育出版社, 2013.

[35] 喻渝. 挤压性围岩支护大变形的机理及判定方法[J]. 世界隧道, 1998(1): 46-51.

[36] 刘钦. 炭质页岩隧道软弱破碎围岩大变形机理与控制对策及其应用研究[D]. 济南: 山东大学, 2011.

第 2 章

巷道围岩劣化与强度衰减规律

2.1　口孜东煤矿煤岩基本物理力学性质

中煤新集口孜东煤矿是我国东部典型的千米深井，该矿最大采深达 1023m。中煤新集口孜东煤矿 121304 工作面平均煤层厚度（含夹矸）为 5.18m，老顶为砂质泥岩，直接顶为泥岩，直接底为泥岩，老底为砂质泥岩。从该工作面取煤岩样（图 2-1），研究深部矿井煤岩劣化机制和变形机制。本节分别对这些煤岩样进行基础物理力学性能参数测试。

(a) 取样升井　　　　　　　　　　(b) 煤岩样包装运输

图 2-1　千米深井口孜东煤矿现场取样

为了给千米深井围岩劣化和变形研究提供基础物理力学性能参数，参考国际岩石力学试验标准，使用这些煤岩样制备标准试样（图 2-2），测定其密度、抗压强度、抗拉强度、黏聚力和内摩擦角、弹性模量、泊松比等参数。

(a) 端部减摩措施

(b) 部分标准试样　　　　　　　　(c) 应变监测

图 2-2　煤岩试样准备

煤岩在单轴压缩下的破碎模式(图 2-3)主要为拉-剪混合破坏、竖向拉伸破坏，没有纯剪切破坏。煤岩破坏后形成竖直方向的条状岩块，条状岩块被进一步压缩，又发生剪切或者弯折破断。裂缝延伸方向趋于竖直，缝网密集，裂缝间相互连通且分叉较多(图 2-3)。这种破坏模式使得破坏后的试样表现出明显的碎胀扩容特征[图 2-3(b)和(c)]。

(a) 煤的柱状劈裂   (b) 泥岩的碎胀   (c) 砂岩的碎胀

图 2-3 煤岩在单轴压缩下的破碎模式

单轴压缩应力-应变曲线在峰后呈现出应变强化现象[图 2-4(a)]，与试样柱状劈裂的破坏模式对应。圆柱形试样破坏形成条状岩块，条状岩块仍然具有承载能力，但是刚度减小；岩块的轴向变形进一步增大后，条状岩块承载的视应力再次小幅值上升，直到条状岩块再次破断，失去承载性能。

同时，煤岩单轴压缩全应力-应变曲线呈现出环向应变(区别于岩石的真实应变)显著大于轴向应变的特征[图 2-4(b)]。煤岩在破坏过程中除了由于泊松效应形成侧

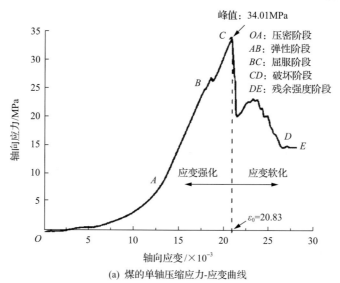

(a) 煤的单轴压缩应力-应变曲线

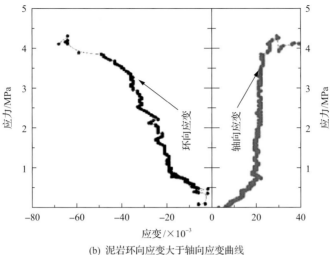

(b) 泥岩环向应变大于轴向应变曲线

图 2-4 煤岩单轴压缩应力-应变特征

向变形外，还会由于破碎岩块的翻转、剪涨等小结构运动促进侧向变形。在煤岩体完全失去承载能力后，可以看出竖向裂缝沿环向显著张开，裂缝半径较大［图 2-3(b) 和(c)］。煤岩在单轴压缩中形成结构岩体、扩容特征显著的特性，可能是引起深部矿井巷道围岩变形大的一个原因。

煤岩在单轴压缩过程中爆裂弹射现象明显，弹射后形成条状岩块和碎屑(图 2-5)。煤岩体具有多孔特性，深部煤岩由于长期受较高的压应力作用，孔隙缩小甚至闭合，煤岩更接近均质体。深部岩体的这一特性也显著改变了岩体的力学表现。

(a) 砂岩的弹射   (b) 煤的弹射

图 2-5 煤岩单轴压缩过程中表现出的爆裂弹射

煤岩单轴压缩具有明显的劈裂破坏特征，峰后阶段表现为条状岩块的再次支承和破断，这使得深部煤岩体具有更强的碎裂扩容特征。煤岩基本物理力学参数测试结果(表 2-1)也从侧面反映了这一特征。煤岩体虽然具有较好的抗压性，但是抗拉性能较差，尤其是煤和泥岩的抗拉强度远低于一般强度准则的预测值。同时，煤的弹性模量较低，表明深部煤体承载性能较差；泥岩的泊松比较大，说明深部泥岩的侧向变形能力更强。煤与泥岩是巷道围岩的典型常见岩性，抗拉强度低使得这类煤岩体在受载变形过程中更易形成层裂等张拉性破坏。

表 2-1　口孜东煤矿煤岩基本物理力学参数测试结果

岩性	自然密度 /(kg/m³)	单轴抗压强度 /MPa	抗拉强度 /MPa	黏聚力 C /MPa	内摩擦角 φ /(°)	弹性模量 /GPa	泊松比
煤	1599.8	10.08	1.63	4.57	35.21	2.83	0.198
泥岩	2619.3	37.70	3.73	11.74	27.00	14.69	0.252
砂岩	2745.8	91.03	6.87	17.15	34.03	21.22	0.163

2.2　口孜东煤矿煤岩矿物组分与孔隙结构特征

2.2.1　煤岩材料 X 射线衍射实验

本测试中采用粉末晶体 X 射线衍射仪(X-ray Diffraction，XRD)(德国 Bruker 公司，D8 Advance 型)，如图 2-6 所示。该仪器由封闭陶瓷管 X 射线光源、X 射线高压发生器、高精度广角测角仪、高灵敏度林克斯阵列检测器、冷却水系统及用于控制仪器和处理数据的计算机组成。仪器另外还配置了小角散射、薄膜、微区分析和环境高温(室温至 1200℃)。

图 2-6　X 射线衍射仪

将煤、砂岩、泥岩试样经过破碎、研磨、制样、测试后，使用分析软件 Jade 进行数据处理与检索分析，可分析出样品中所含的主要物质。为了获得可在 Word 文件下编辑使用的衍射图，通常可以选用 Origin 等软件进行处理。经过这些步骤，就能够得到煤、砂岩和泥岩的衍射分析谱图。利用粉末衍射联合会国际数据中心(The Joint Committee on Powder Diffraction International Centre for Diffraction Data)提供的各种物质标准粉末衍射资料(PDF),并按照标准分析方法进行对照分析。部分煤岩试样的 X 射线衍射图谱如图 2-7～图 2-9 所示。

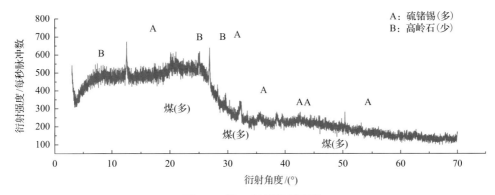

图 2-7 煤 X 射线衍射图谱

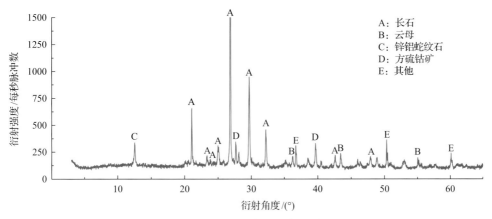

图 2-8 砂岩 X 射线衍射图谱

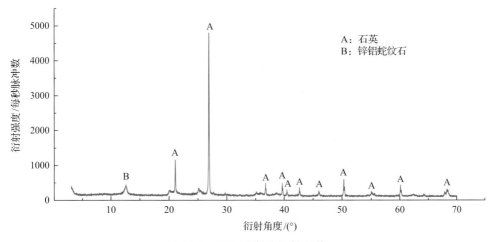

图 2-9 泥岩 X 射线衍射图谱

由试样的 X 射线衍射图谱可以看出，口孜东煤矿煤成分主要为非晶体煤，同时含有较多硫锗锡、较少的高岭石等矿物。由于岩石与煤的成因不同，因此二者的组成成分相差很大。口孜东煤矿的砂岩中主要含有长石、云母、锌铝蛇纹石和方硫钴矿等矿物成分，泥岩中主要含有石英和锌铝蛇纹石等成分。不同煤岩的矿物组成成分也各不相同。

2.2.2 煤岩高分辨三维 X 射线显微成像

本测试采用德国卡尔蔡司(Carl Zeiss)的高分辨三维 X 射线显微成像系统(3D XRM)，如图 2-10 所示。其原理是从阴极发射的电子束在轰击阳极靶材钨后产生宽频谱的 X 射线；X 射线穿过旋转样品，在不同的角度暂停并由接收器采集二维的投影图像；投影图像通过三维分析软件被组合在一起后，形成物体的 3D 重构体。本系统可采用二次参照方法消除 X 射线穿过样品后产生的漫射圈，并可通过中心位移和射线硬化方法手动重构三维图像。本系统硬件包括 X 射线源、载物台、样品座、物镜(耦合有闪烁体)、CCD 相机、滤镜等，软件包括 Scount-and-Scan Control System 数据采集软件、XMReconstructor 三维断层扫描图像重构软件、XM3Dviewer、XMController、手动重构和拼接软件等。为便于样品制备和结果分析，此系统配置了岩矿取心机、高性能工作站和 ORS 分析软件。通过−180°～+180°拍摄的 2D 投影、3D 重构、渲染和虚拟切片可视化及三维分析软件的分割处理等操作，在不破坏样品的前提下，可对矿物、建材、半导体、高分子材料、岩石、化石、生物等样品的内部孔(裂)隙等信息进行空间探测。

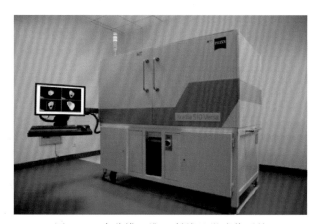
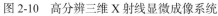

图 2-10　高分辨三维 X 射线显微成像系统　　　图 2-11　试样制取

制取煤、泥岩和砂岩试样(图 2-11)，尺寸分别为 $\phi 8mm \times 8mm$、$\phi 4mm \times 4mm$ 和 $\phi 4mm \times 8mm$，进行高分辨率三维 X 射线扫描，最大分辨率为 4μm。如果扫描分辨率过低，则岩石的微孔隙识别不出；分辨率过高，则会使岩心尺寸不具有代表性。

对测试结果进行整理，分别得到煤、砂岩和泥岩的高分辨三维 X 射线显微成像截面和立体图，如图 2-12～图 2-14 所示。

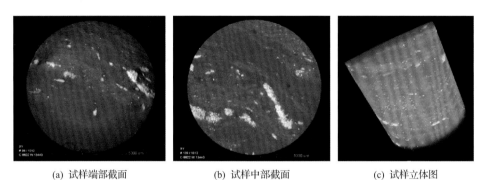

(a) 试样端部截面　　　　　(b) 试样中部截面　　　　　(c) 试样立体图

图 2-12　煤的高分辨三维 X 射线显微成像截面和立体图

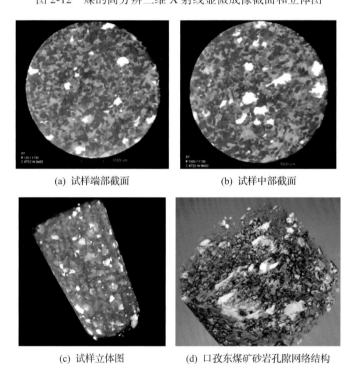

(a) 试样端部截面　　　　　　　　　(b) 试样中部截面

(c) 试样立体图　　　　　　(d) 口孜东煤矿砂岩孔隙网络结构

图 2-13　砂岩的高分辨三维 X 射线显微成像截面和立体图

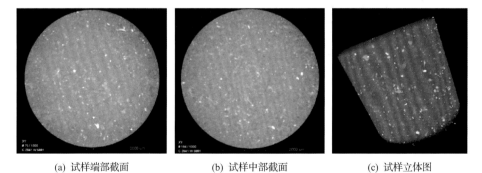

(a) 试样端部截面　　　　　(b) 试样中部截面　　　　　(c) 试样立体图

图 2-14　泥岩的高分辨三维 X 射线显微成像截面和立体图

通过高分辨三维 X 射线显微成像系统，可分别观察到煤、砂岩和泥岩的细观结构。煤上表面存在裂隙，中部不存在裂隙。由于煤本身变质程度不同，因此其孔隙相对而言比较多，且连通性较好，如图 2-12 所示；砂岩表面不存在裂隙，中部也不存在裂隙，相对比较完整，且比较致密，孔隙相对较少，连通性较差，如图 2-13 所示；泥岩表面不存在裂隙，中部也不存在裂隙，由于泥岩存在的黏土矿物能够填满孔隙，因此相对比较致密，连通性也比较差，如图 2-14 所示。

2.2.3 扫描电子显微镜细观裂隙结构与矿物颗粒

扫描电子显微镜(图 2-15)能对矿物的表面结构进行观察并对矿物成分进行表征，分辨率高达 3.0nm。使用扫描电子显微镜可观察煤、岩石的细观破坏的矿物颗粒错动(图 2-16)，并分析岩石组分在细观尺度上对岩石破裂规律的影响(图 2-17)。

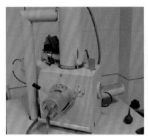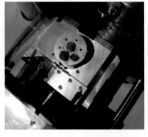

图 2-15　扫描电子显微镜

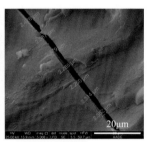

(a) 砂岩　　　　　　　　　(b) 泥岩　　　　　　　　　(c) 煤

图 2-16　煤岩的裂纹细观形态

(a) 表面细观形态　　　　　　　　　　　　(b) 表面元素分布

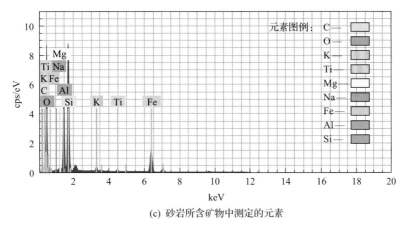

(c) 砂岩所含矿物中测定的元素

图 2-17　砂岩裂隙的形成与矿物成分分布对比

2.3　损伤试样动静载劣化机制

2.3.1　峰前卸荷损伤后岩石试样动静力学特性

1. 岩样制备及总体方案

选取均质岩石制备岩样，考虑到岩样卸荷损伤后还要采用 SHPB 装置进行动力学试验，圆柱形岩样的高径比定为 1:1，均为 50mm。本试验加工精度满足国际岩石力学学会的相关规定，并保持自然风干状态。

试验共制备 87 块岩石试样，试验总体技术路线如图 2-18 所示。首先选取 9 个

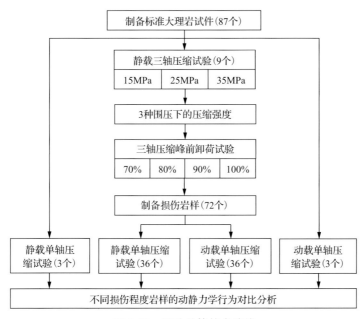

图 2-18　试验总体技术路线

岩样(TS01～TS09)进行三级围压(15MPa、25MPa、35MPa)下的三轴压缩试验,以获得特定围压下的抗压强度;然后进行特定围压下的卸荷试验,卸荷点为相应强度的 70%、80%、90%、100%(通过实时曲线峰值点确定峰值强度卸荷点),累计 12 种工况,每种工况 6 块岩样,共得到 72 块卸荷损伤岩样(UC01～UC72),最后对损伤岩样进行单轴压缩破坏试验,每种工况下静、动态试验各 3 块岩样。此外,还有 6 块岩样(US01～US03 和 UD01～UD03)进行单轴压缩破坏试验,以获得天然状态无损伤岩样的静、动载单轴抗压强度。

2. 卸荷损伤试验

静载三轴压缩试验(TS01～TS09)和峰前卸荷试验都采用 MTS 815 试验系统开展,如图 2-19 所示。

(a) MTS 815试验系统　　　　　　　　　　(b) SHPB试验系统

图 2-19　MTS 815、SHPB 试验系统

加载阶段,先以 0.4MPa/s 的加载速率加载至预定围压,然后以 0.003mm/s 的速率加载轴压至卸荷点;卸载阶段,为了能获得仍有一定承载能力的损伤破裂岩样(下文统称为卸荷损伤岩样),同时卸载轴压、围压,并保证围压卸载至 0 时轴压不低于单轴抗压强度的 60%,最后将轴压卸载至 0。常规三轴压缩、峰前卸荷应力-应变曲线分别如图 2-20 和图 2-21 所示。

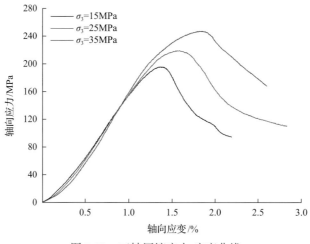

图 2-20　三轴压缩应力-应变曲线

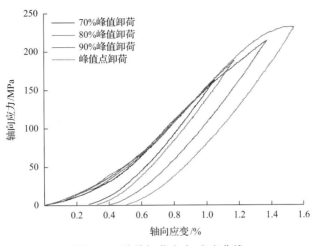

图 2-21　峰前卸荷应力-应变曲线

3. 单轴压缩试验

动载：采用 SHPB 试验系统［图 2-19（b）］进行动力学试验[1,2]。该系统子弹、入射杆及透射杆的直径都为 75mm，长度分别为 0.6m、5m 和 3m。经调试，冲击气压设定为 0.14MPa，子弹速度为 4m/s 左右。为消除矩形波加载带来的弥散效应，需进行入射波整形，本次试验入射波波形整形器选用直径 10mm、厚 2mm 的橡胶片。利用灵敏度高达 120 的半导体应变片采集入射波、反射波及透射波，如图 2-22 所示。

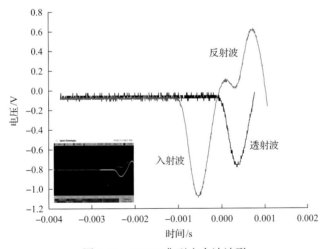

图 2-22　SHPB 典型应力波波形

静载：仍采用 MTS 815 试验系统，加载方式为位移闭环控制，加载速率为 0.003mm/s。

4. 试验结果与分析

1）损伤变量

本节损伤变量采用弹性模量法进行计算。弹性模量法中，弹性模量和应变参数反映岩样的自身性质，可以较为准确地得到卸荷损伤岩样的损伤变量[3,4]。本节中弹性模量取值为 30%～70%峰值强度段。

$$D = 1 - \left(1 - \frac{\varepsilon^{\mathrm{r}}}{\varepsilon}\right)\frac{E^{\mathrm{r}}}{E_0} \tag{2-1}$$

式中，D 为损伤变量；ε^{r} 为残余应变；ε 为总应变；E^{r} 为卸荷模量；E_0 为初始弹性模量。

各参数的取值如图 2-23 所示。

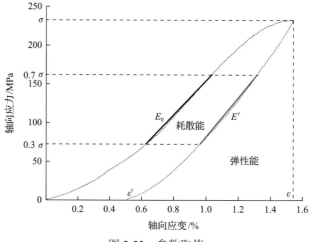

图 2-23　参数取值

岩样损伤变量汇总如表 2-2 所示，损伤变量、残余应变与卸荷点关系曲线如图 2-24 和图 2-25 所示。

表 2-2　岩样损伤变量汇总

围压/MPa	卸荷点/%							
	70		80		90		100	
	岩样编号	损伤变量	岩样编号	损伤变量	岩样编号	损伤变量	岩样编号	损伤变量
15	UC01	0.064	UC07	0.087	UC13	0.105	UC19	0.184
	UC02	0.056	UC08	0.073	UC14	0.114	UC20	0.144
	UC03	0.061	UC09	0.083	UC15	0.118	UC21	0.127
	UC04	0.058	UC10	0.091	UC16	0.136	UC22	0.201
	UC05	0.052	UC11	0.092	UC17	0.111	UC23	0.155
	UC06	0.068	UC12	0.076	UC18	0.125	UC24	0.173
25	UC25	0.074	UC31	0.095	UC37	0.111	UC43	0.219
	UC26	0.069	UC32	0.103	UC38	0.178	UC44	0.191
	UC27	0.092	UC33	0.117	UC39	0.172	UC45	0.176
	UC28	0.058	UC34	0.097	UC40	0.109	UC46	0.232
	UC29	0.067	UC35	0.095	UC41	0.140	UC47	0.195
	UC30	0.079	UC36	0.111	UC42	0.145	UC48	0.214

续表

围压/MPa	卸荷点/%							
	70		80		90		100	
	岩样编号	损伤变量	岩样编号	损伤变量	岩样编号	损伤变量	岩样编号	损伤变量
35	UC49	0.070	UC55	0.137	UC61	0.199	UC67	0.310
	UC50	0.082	UC56	0.137	UC62	0.177	UC68	0.298
	UC51	0.082	UC57	0.113	UC63	0.170	UC69	0.281
	UC52	0.169	UC58	0.161	UC64	0.162	UC70	0.123
	UC53	0.093	UC59	0.107	UC65	0.140	UC71	0.244
	UC54	0.108	UC60	0.167	UC66	0.214	UC72	0.262

　　由图 2-24，同一围压下，损伤变量与卸荷点呈正相关，以 35MPa 为例，随卸荷点的增加，损伤变量依次为 0.108、0.137、0.177 和 0.253。同一卸荷点时，损伤变量与围压呈正相关，以 90%卸荷点为例，随围压增加，损伤变量依次为 0.118、0.143 和 0.177。与图 2-25 对比，可见随卸荷点及围压变化，残余应变和损伤变量的变化趋势基本完全一致，由此验证了本文选择的损伤变量的可靠性。

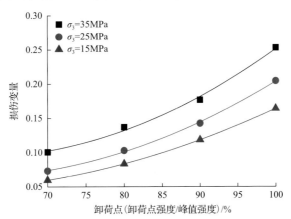

图 2-24　损伤变量与卸荷点关系曲线

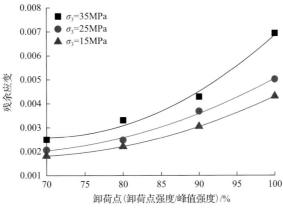

图 2-25　残余应变与卸荷点关系曲线

2)静态单轴压缩试验

卸荷损伤岩样的静态单轴压缩试验数据部分汇总如表 2-3 所示。为了对比，在表 2-3 最后附加了天然未损伤岩样的相关参数。静态力学参数与损伤变量关系曲线如图 2-26 和图 2-27 所示。由图 2-26 和图 2-27 可知，随着损伤变量增加，卸荷损伤岩样的静态单轴抗压强度和弹性模量均呈负指数函数衰减。试验中，天然或损伤较小的岩样破坏时发生爆裂现象并伴随着较大的声响，具有明显的脆性破坏特征；而损伤变量较大时，脆性特征不明显。

表 2-3　静态单轴压缩试验数据部分汇总

岩样编号	UC10	UC11	UC12	UC16	UC17	UC18	UC22	UC23	UC24
损伤变量		0.084			0.118			0.164	
静态单轴抗压强度/MPa	70	66	62	54	59	61	39	45	43
弹性模量/GPa	9.20	6.83	7.84	5.42	8.40	6.25	5.93	6.42	5.27
岩样编号	UC34	UC35	UC36	UC40	UC41	UC42	UC46	UC47	UC48
损伤变量		0.103			0.143			0.205	
静态单轴抗压强度/MPa	42	45	55	60	64	68	27	32	33
弹性模量/GPa	7.82	7.53	10.30	7.44	5.98	8.14	5.20	5.72	6.04

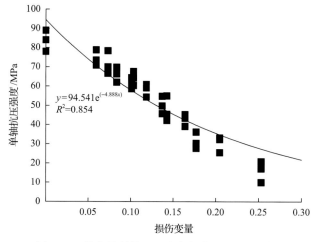

图 2-26　静态单轴抗压强度与损伤变量关系曲线

3)动态单轴压缩试验

采用三波法计算岩石试样的动态压缩应力-应变关系，典型曲线如图 2-28 所示。卸荷损伤岩样的动载单轴压缩试验数据汇总如表 2-4 所示。为了对比，在表 2-4 最后附加了天然未损伤岩样的相关参数。宏观力学参数与损伤变量的关系曲线如图 2-29 和图 2-30 所示。

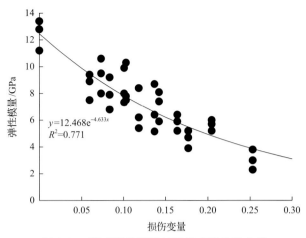

图 2-27 静态弹性模量与损伤变量关系曲线

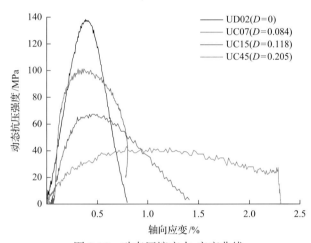

图 2-28 动态压缩应力-应变曲线

表 2-4 动态单轴压缩试验数据汇总

岩样编号	UC07	UC08	UC09	UC13	UC14	UC15	UC19	UC20	UC21
损伤变量		0.084			0.118			0.164	
动态抗压强度/MPa	99	101	95	95	85	85	70	65	70
动态弹性模量/GPa	30.22	36.61	38.83	31.83	25.59	26.78	24.43	22.23	22.29
岩样编号	UC31	UC32	UC33	UC37	UC38	UC39	UC43	UC44	UC45
损伤变量		0.103			0.143			0.205	
动态抗压强度/MPa	85	85	90	74	76	78	65	62	60
动态弹性模量/GPa	27.74	29.21	31.00	24.01	25.95	27.39	12.31	11.89	8.14
岩样编号	UC55	UC56	UC57	UC61	UC62	UC63	UC67	UC68	UC69
损伤变量		0.137			0.177			0.253	
动态抗压强度/MPa	87	82	74	76	68	72	46	50	48
动态弹性模量/GPa	25.84	21.11	19.16	15.79	16.06	15.54	6.49	7.35	6.96

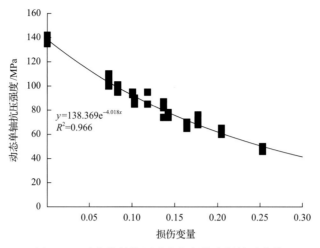

图 2-29　动态单轴抗压强度与损伤变量关系曲线

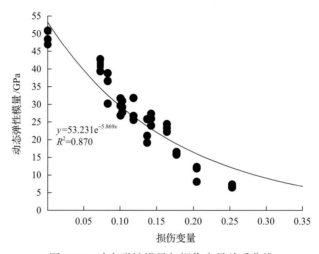

图 2-30　动态弹性模量与损伤变量关系曲线

由图 2-28 可知,不同损伤程度岩样的动态应力-应变曲线有明显的区别,随岩样损伤变量增大,其峰值强度减小而破坏应变增加。究其原因,损伤变量是岩样内由卸荷诱发的微裂隙发育程度的宏观表征,损伤变量越大,则微裂隙越发育,必然导致动态抗压强度的降低和破坏前变形量的增加[5]。

由图 2-29 和图 2-30 可知,动态单轴抗压强度和动态弹性模量随着损伤变量的增加而降低,呈负指数函数形式衰减。这是因为损伤变量越大,卸荷导致的岩样内微裂隙越发育,从而导致损伤岩样的动态承载能力和抗变形能力逐渐劣化。

5. 动静力学特性对比分析

一般采用动态增强因子(DIF)来衡量岩石材料动、静态单轴抗压强度间的关系。DIF 计算公式如下:

$$\mathrm{DIF} = \frac{\sigma_\mathrm{d}}{\sigma} \tag{2-2}$$

式中，σ_d 为动态抗压强度；σ 为静态抗压强度。

　　本节计算结果如图 2-31 所示。由图 2-31 可见，DIF 与损伤变量关系可以分为稳定和增长两个阶段。在稳定阶段，DIF 基本不受损伤变量影响；而在增长阶段，DIF 则随着损伤变量的增加快速增长。这是由于损伤变量较小（0～0.17）时，动静态单轴压缩强度随损伤变量增加的降低速率大致相等；而损伤变量较大（>0.17）时，动态试验对卸荷损伤的敏感程度弱于静态试验，即动态抗压强度的随损伤变量增加的降低速率小于静态抗压强度的降低速率。

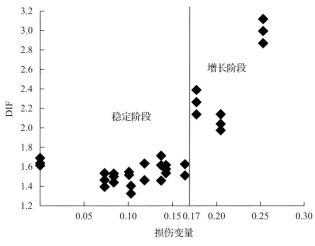

图 2-31　DIF 与损伤变量关系曲线

　　动、静态弹性模量随损伤变量的变化对比情况如图 2-32 所示。

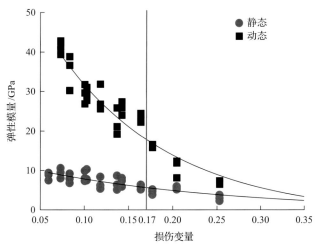

图 2-32　动、静态弹性模量随损伤变量的变化对比情况

由图 2-32 可见，相较于静态条件，动态弹性模量随损伤变量增加而降低的趋势更为明显，尤其是当损伤变量 $D<0.17$ 时，也即动态抗变形能力对卸荷损伤变量的敏感程度远大于静态条件。

图 2-33 展示了卸荷损伤岩样的动静载破坏形态。由图 2-33 可见，随损伤变量增加，无论是静载还是动载，岩样的破碎程度均明显增加，碎块数目增加而块度减小。这是因为当卸荷损伤岩样继续承受外部荷载时，内部裂纹会继续扩展贯通而破坏失稳，而损伤变量越大，则表明原损伤岩样内部裂隙越多且发育越充分，其破坏程度必然增加[6,7]。另外，相同损伤程度下，动载破坏的破碎程度明显高于静载条件，说明卸荷损伤岩样单轴压缩破坏的应变率效应比较显著。

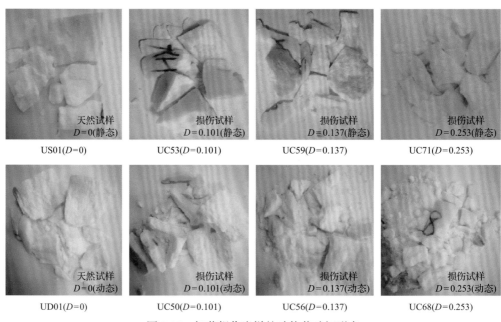

图 2-33 卸荷损伤岩样的动静载破坏形态

2.3.2 循环冲击损伤后岩石试样动静力学特性

1. 岩样制备

将岩石加工成中心直切槽半圆盘（Notched Semi-Circle Bend，NSCB）试样，其几何构型如图 2-34 所示。图 2-34 中，R 为试样半径，$R=25\text{mm}$；B 为试样厚度，$B=25\text{mm}$；a 为人工预制裂缝长度，$a=5\text{mm}$；S 为三点弯曲加载时两支撑点间的距离，$S=25\text{mm}$；P_s 为三点弯曲试验静荷载；P_d 为循环冲击动荷载。对试样两端面进行打磨，以满足国际岩石力学学会对试验建议的要求：平行度小于 0.02mm，平整度小于 0.05mm；人工缝采用金刚石切割线预制，并对裂缝尖端进行细化处理，使裂缝尖端的宽度小于 0.2mm。本节共制备了 36 个 NSCB 岩样。

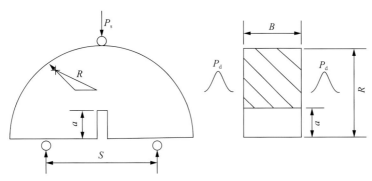

图 2-34　岩石 NSCB 试样几何构型

2. 循环冲击损伤试验

本试验采用 SHPB 系统进行动态冲击，冲击气压选定为 0.10MPa。所有试样按冲击次数平均分为 6 组，如表 2-5 所示。利用 SHPB 系统对各组岩样沿厚度 B 方向分别进行 0～5 次等能量冲击，以获得损伤程度不同的 6 组岩样。

表 2-5　试样编号和试验条件

组号	CJ0	CJ1	CJ2	CJ3	CJ4	CJ5
冲击次数	0	1	2	3	4	5
试样编号	CJ0-Sa	CJ1-Sa	CJ2-Sa	CJ3-Sa	CJ4-Sa	CJ5-Sa
	CJ0-Sb	CJ1-Sb	CJ2-Sb	CJ3-Sb	CJ4-Sb	CJ5-Sb
	CJ0-Sc	CJ1-Sc	CJ2-Sc	CJ3-Sc	CJ4-Sc	CJ5-Sc
	CJ0-Da	CJ1-Da	CJ2-Da	CJ3-Da	CJ4-Da	CJ5-Da
	CJ0-Db	CJ1-Db	CJ2-Db	CJ3-Db	CJ4-Db	CJ5-Db
	CJ0-Dc	CJ1-Dc	CJ2-Dc	CJ3-Dc	CJ4-Dc	CJ5-Dc

注：试样编号中的 S 和 D 分别表示它们需要开展静态和动态三点弯曲试验。

SHPB 试验能够巧妙地将动力冲击试验中的应变率效应和惯性效应解耦，其有效性建立在两个基本假设的基础上：一维应力假设和应力均匀假设[8]。这样，可采用三波法计算试样的应力 σ_s、应变 ε_s 及应变率 $\dot{\varepsilon}$：

$$\left.\begin{aligned}
\sigma_s &= \frac{E_b A_b}{2 A_s}[\varepsilon_i(t) + \varepsilon_r(t) + \varepsilon_t(t)] \\
\varepsilon_s &= \frac{C_{pb}}{l_s} \int_0^t [\varepsilon_i(t) - \varepsilon_r(t) - \varepsilon_t(t)]\mathrm{d}t \\
\dot{\varepsilon} &= \frac{C_{pb}}{l_s}[\varepsilon_i(t) - \varepsilon_r(t) - \varepsilon_t(t)]
\end{aligned}\right\} \tag{2-3}$$

式中，$\varepsilon_i(t)$、$\varepsilon_r(t)$ 和 $\varepsilon_t(t)$ 分别为由信号采集系统得到的入射波、反射波及透射波；E_b、A_b 和 C_{pb} 分别为压杆的弹性模量、横截面积和纵波波速；A_s 和 l_s 分别为岩石试样的初始横截面积和长度。

如图 2-35 所示，$\varepsilon_t(t)$ 与 $\varepsilon_i(t)+\varepsilon_r(t)$ 波形基本吻合，表明试样动态受力平衡，为应力均匀假设和试验结果的可靠性提供了保障[9]。

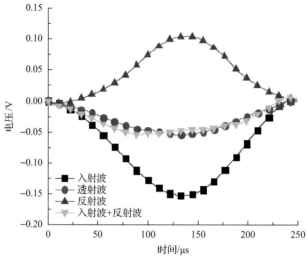

图 2-35　动态受力平衡校核

3. 静态三点弯曲试验

静态三点弯曲试验采用 DNS 100 电子万能试验机加载，如图 2-36 所示，加载速率选用 0.06mm/min，可以满足静态裂纹扩展(加载速率不高于 0.2mm/min)的需求。

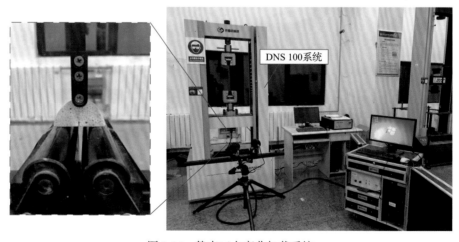

图 2-36　静态三点弯曲加载系统

4. 动态三点弯曲试验

动态三点弯曲试验采用 SHPB 系统加载，如图 2-37 所示。为了确保试样获得一个稳定的加载率，试验的冲击气压选为 0.10MPa。

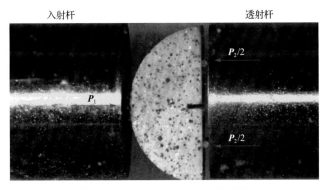

图 2-37　动态三点弯曲加载系统

P_1 为施加在入射端的力；P_2 为施加在反射端的力

5. 动态应力-应变曲线

根据入射波、反射波及透射波信号，得到每次冲击加载下试样的动态应力-应变曲线。图 2-38 展示了 CJ5-Sb 试样 5 次冲击下的动态应力-应变曲线，图中序号 N 表示冲击的顺序。

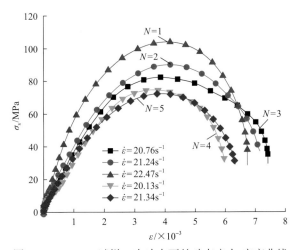

图 2-38　CJ5-Sb 试样 5 次冲击下的动态应力-应变曲线

由图 2-38 可知，随着冲击次数增加，试样动态应力-应变曲线逐渐下移，其动态峰值应力和弹性模量均呈下降趋势。究其原因，这是由岩石的非均质性和冲击加载造成的累积损伤造成的。冲击应力波通过 NSCB 岩样时，若应力波幅值和持续时间超过一定的门槛值(能量作用密度下限值)，则岩样内部随机分布的原生微裂纹中将有一部分(取决于微裂纹长度)因尖端应力集中而失稳并低速扩展，耗散应力波携带的能量。这将导致岩石组构间传递荷载的能力和效率降低，宏观上表现为岩样动力学性能的劣化，并且随冲击次数增加而愈加明显。

6. 动态累积损伤

在损伤力学中，弹性模量法被推荐为量化岩石动态损伤程度的一种有效方法。

根据试样循环冲击前后弹性模量的变化，可计算得到试样的动态累积损伤[10,11]：

$$D_E = 1 - \frac{E_{dn}}{E_{d1}} \tag{2-4}$$

式中，D_E 为损伤变量；E_{dn} 为特定岩样第 n 次冲击时测得的动态弹性模量；E_{d1} 为该岩样第 1 次冲击时测得的动态弹性模量。

采用国际岩石力学学会推荐的方法计算岩石 NSCB 岩样的动态弹性模量[12]，如下：

$$E_{dn} = \dot{\sigma}_n / \dot{\varepsilon}_n \tag{2-5}$$

式中，$\dot{\sigma}_n$ 为加载率，为某次冲击时岩样应力-时间曲线中近似直线段的斜率；$\dot{\varepsilon}_n$ 为应变率，为该次冲击应力均匀段对应的应变率平均值。

由式（2-4）和式（2-5），可得到每个 NSCB 试样最后一次冲击时动态弹性模量和累积损伤的变化规律，如图 2-39 所示。由图 2-39 可知，随着循环冲击次数的增加，动态弹性模量不断降低，而动态累积损伤则逐渐增加，D_E 在第 5 次冲击荷载下达到最大值 0.369。这说明反复冲击后，岩样内部低速扩展的失稳微裂隙不但数量增加，而且扩张程度也不断加剧。

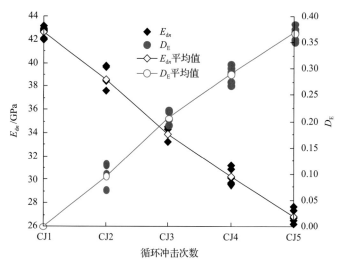

图 2-39 动态弹性模量及累积损伤随冲击次数的变化规律

7. 静态三点弯曲试验结果

1）荷载-位移曲线

不同损伤程度试样的三点弯曲荷载-位移曲线如图 2-40 所示。该曲线可分为 3 个阶段：①压密阶段，荷载-位移曲线上凹，斜率由小增大。压密阶段持续时间与试样损伤程度密切相关，与试样 CJ2-Sb（$D_E=0.097$）相比，试样 CJ5-Sa（$D_E=0.376$）的内部微裂隙发育程度显著增加，相应压密阶段持续时间明显增大。②线弹性阶段，此过程曲线斜率不变，随损伤程度增加，该阶段趋于不显著。③脆性破坏阶段，荷载瞬间跌落，试样脆性断裂，承载能力急剧丧失。

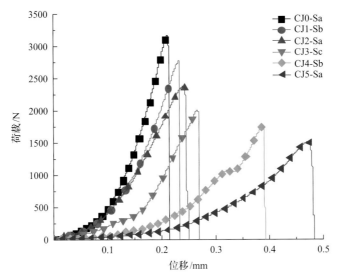

图 2-40 不同损伤程度试样的三点弯曲荷载-位移曲线

2) 静态断裂韧度

1984 年，Chong 和 Kuruppu[13]首次提出了 NSCB 试样断裂韧度值的计算方法，并被国际岩石力学学会推荐为测试岩石静态 I 型断裂韧度 KIC 的建议方法。其计算公式如下：

$$K_{\mathrm{IC}}^{\mathrm{S}} = \frac{P_{\mathrm{max}} \sqrt{\pi a}}{2RB} Y \tag{2-6}$$

式中，P_{max} 为 NSCB 试样破坏时的峰值荷载；Y 为量纲一应力强度因子。

Y 与人工预制裂缝长度 a 及加载时试样的支撑间距 S 有关[14]，计算公式如下：

$$Y = -1.297 + 9.516\left(\frac{S}{2R}\right) - \left[0.47 + 16.457\left(\frac{S}{2R}\right)\right]\alpha + \left[1.071 + 34.401\left(\frac{S}{2R}\right)\right]\alpha^2$$

$$\tag{2-7}$$

式中，α 为量纲一预制裂缝长度，$\alpha = a/R$；$S/(2R)$ 为量纲一支撑间距。本试验中 $\alpha = 0.2$，$S/(2R) = 0.5$。

如图 2-41 所示，$K_{\mathrm{IC}}^{\mathrm{S}}$ 和 D_{E} 之间拥有明显的负线性相关性，$K_{\mathrm{IC}}^{\mathrm{S}}$ 由 1.08MPa·m$^{0.5}$（$D_{\mathrm{E}}=0$）减小到 0.59MPa·m$^{0.5}$（$D_{\mathrm{E}}=0.368$），这表明试样抵抗断裂破坏的能力逐渐下降。其主要原因是试样内部的损伤区或薄弱面随着 D_{E} 的增加而逐渐增多，根据岩石破坏的最小能量原理，主裂纹在向前扩展时会选择耗能最小的路径，因而试样的动态累积损伤越大，静态断裂韧度就越小。

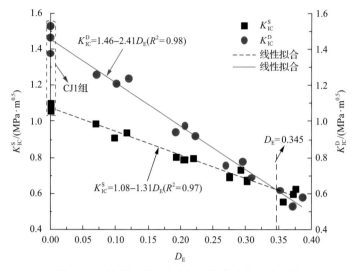

图 2-41　断裂韧度随动态累积损伤值的变化规律

8. 动态三点弯曲试验结果

由于试样在动态冲击加载阶段已经达到了动态应力平衡(图 2-35),因此 I 型应力强度因子 $K_I(t)$ 可由以下公式计算得到[15]:

$$K_I(t) = \frac{P_d(t)S}{BR^{3/2}}Y(\alpha_a) \qquad (2\text{-}8)$$

式中,$P_d(t)$ 为加载在试样上的动态荷载;$Y(\alpha_a)$ 为一个量纲为一的公式。

对于 $\alpha S = S/(2R) = 0.50$,$Y(\alpha_a)$ 可以下式计算得到:

$$Y(\alpha_a) = 0.5037 + 3.4409\alpha_a - 8.0792\alpha_a^2 + 16.489\alpha_a^3 \qquad (2\text{-}9)$$

$K_I(t)$ 曲线的峰值被定义为试样的动态断裂强度值 K_{IC}^D,从图 2-41 中可以发现,K_{IC}^D 随着 D_E 的增大而逐渐减小,由 $1.46\text{MPa}\cdot\text{m}^{0.5}$($D_E=0$)减小到 $0.58\text{MPa}\cdot\text{m}^{0.5}$($D_E=0.370$)。

通过对试验数据进行拟合可以发现:D_E 和 K_{IC}^S、K_{IC}^D 之间均拥有良好的线性相关性。当 $D_E < 0.345$ 时,K_{IC}^D 的值大于 K_{IC}^S 的值,并且两者之间的差距随着 D_E 的增大而减小。但是,当 D_E 为 $0.345\sim0.370$ 时,试验数据呈现相反的结果。其主要原因是当 $D_E < 0.345$ 时,率效应起主要作用;当 D_E 为 $0.345\sim0.370$ 时,损伤的劣化效应起主要作用。

9. 破坏形态分析

图 2-42 为静态和动态三点弯曲试验后典型试样的破坏形态,尽管试样的断裂过程均是从裂纹尖端扩展到加载端,但是经受不同冲击次数和不同加载率的试样的破

坏形态仍有较大的区别。

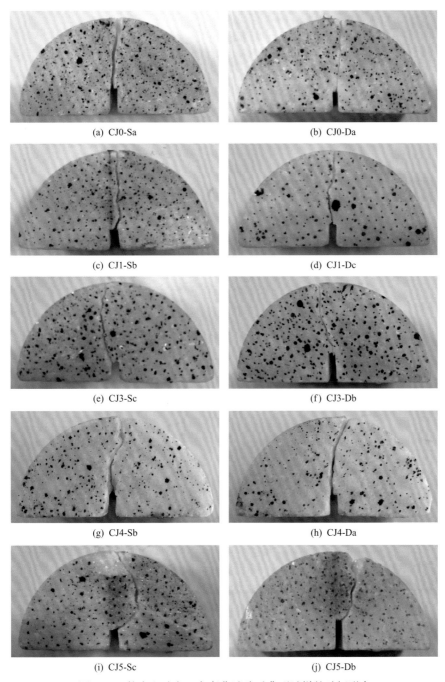

(a) CJ0-Sa

(b) CJ0-Da

(c) CJ1-Sb

(d) CJ1-Dc

(e) CJ3-Sc

(f) CJ3-Db

(g) CJ4-Sb

(h) CJ4-Da

(i) CJ5-Sc

(j) CJ5-Db

图 2-42　静态和动态三点弯曲试验后典型试样的破坏形态

就冲击次数而言，无论是经受静态三点弯曲试验还是动态三点弯曲试验，试样的裂纹路径都随着冲击次数的增加而变得逐渐曲折。其主要原因是冲击次数越大，试样内部的损伤区和薄弱面就越多，主裂纹在向前扩展时遇到它们的概率就越大。

根据能量最小原理[16]，主裂纹会通过不断选择容易通过的路径来不断向前扩展，最终裂纹路径在形态上就表现得越来越曲折。

就加载率而言，在冲击次数相同的情况下，静态三点弯曲断裂试样的裂纹路径相比由动态三点弯曲断裂破坏试样的路径更曲折。这主要是因为静态三点弯曲试验的加载率较小，试样内部的裂纹可以得到充分的发育，而主裂纹就有更多的时间选择容易通过的路径来向前扩展。

参 考 文 献

[1] Frew D J, Forrestal M J, Chen W. Pulse shaping techniques for testing brittle materials with a split Hopkinson pressure bar[J]. Experimental Mechanics, 2002, 42(1): 93-106.

[2] 周子龙, 李夕兵, 岩小明. 岩石 SHPB 测试中试样恒应变率变形的加载条件[J]. 岩石力学与工程学报, 2009, 28(12): 2445-2452.

[3] 蔚立元, 李光雷, 苏海健, 等. 高温后无烟煤静动态压缩力学特性研究[J]. 岩石力学与工程学报, 2017, 36(11): 2712-2719.

[4] 鞠杨, 谢和平. 基于应变等效性假说的损伤定义的适用条件[J]. 应用力学学报, 1998, 15(1): 43-49.

[5] Meng Q B, Zhang M W, Han L J, et al. Acoustic emission characteristics of red sandstone specimens under uniaxial cyclic loading and unloading compression[J]. Rock Mechanics and Rock Engineering, 2018, 51(4): 969-988.

[6] 王礼立. 应力波基础[M]. 北京: 国防工业出版社, 2005: 52-60.

[7] 宫凤强, 王进, 李夕兵. 岩石压缩特性的率效应与动态增强因子统一模型[J]. 岩石力学与工程学报, 2018, 37(7): 1586-1595.

[8] 李夕兵. 岩石动力学基础与应用[M]. 北京: 科学出版社, 2014: 18-38.

[9] Hu L Q, Li X B. Damage and fragmentation of rock under experiencing impact load[J]. Journal of Central South University of Technology, 2006, 13(4): 432-437.

[10] Wang Z L, Zhu H H, Wang J G. Repeated-impact response of ultrashort steel fiber reinforced concrete[J]. Experimental Techniques, 2013, 37(4): 6-13.

[11] Lai J Z, Sun W. Dynamic damage and stress-strain relations of ultra-high performance cementitious composites subjected to repeated impact[J]. Science in China Series E: Technological Sciences, 2010, 53(6): 1520-1525.

[12] Ulusay R. The Isrm Suggested Methods for Rock Characterization, Testing and Monitoring: 2007-2014[M]. Switzerland: Springer International Publishing, 2015: 35-44.

[13] Chong K P, Kuruppu M D. New specimens for fracture toughness determination for rock and other materials[J]. International Journal of Fracture, 1984, 26(2): 59-62.

[14] Kuruppu M D, Obara Y, Ayatollahi M R, et al. ISRM-suggested method for determining the model Ⅰ static fracture toughness using semi-circular bend specimen[J]. Rock Mechanics and Rock Engineering, 2014, 47(1): 267-274.

[15] Zhou Y X, Xia K, Li X B, et al. Suggested methods for determining the dynamic strength parameters and model-Ⅰ fracture toughness of rock materials[J]. International Journal of Rock Mechanics and Mining Sciences, 2012(49): 105-112.

[16] 赵阳升, 冯增朝, 万志军. 岩体动力破坏的最小能量原理[J]. 岩石力学与工程学报, 2003, 22(11): 1781-1783.

第 3 章

偏应力与梯度应力诱导
裂隙扩展规律

3.1　真三轴物理模拟试验系统研制

为了模拟深部矿井围岩由于高地应力和强采动造成的复杂应力状态，保障科研原创性，著者研发了"偏应力与梯度应力真三轴物理模拟试验系统"。该试验系统(图 3-1)包含四大模块：加载模块、变形测量模块、控制模块、梯度应力加载和配套监测模块；具有 6 个可独立编程控制的电液伺服加载通道，控制精度为±0.5% FS，其中竖向 2 个通道最大加载压力 1500kN，水平 4 个通道最大加载压力 800kN。该试验系统可容纳 100mm³、150mm³ 和 200mm³ 3 种尺寸的立方体试样，可模拟工程中岩石的复杂应力状态，可通过编程控制应力加载过程。该试验系统对力学信号的采集频率为 10Hz，对加载压头位移信号的采集频率为 10Hz，同时试验系统配备光学和声发射监测装备，其中光学信号的采集帧率为 17f/s，声发射监测信号的转换频率为 5MSPS。各监测信号汇集计算机主机处理，可保持信号的时间同步和实时采集。

图 3-1　偏应力与梯度应力真三轴物理模拟试验系统

自主研发梯度应力加载试验系统，通过 6 块可独立控制加载的条形加载块，可对 150mm×150mm×150mm 试样的一个加载面实现 6 种不同的应力加载，从而模拟巷道围岩受到的梯度应力状态，并研究围岩在梯度应力作用下的裂隙扩展规律及机理。

3.2　偏应力诱导裂隙扩展规律

3.2.1　巷道围岩的偏应力状态

巷道围岩受到开挖、回采等扰动，应力状态发生改变。如图 3-2 所示从巷道表面到深部，岩石受到双轴加载、三轴加载及三轴加卸载等不同应力路径的作用；同时，巷道围岩的应力水平也从巷道表面到深部呈梯度分布。巷道围岩在复杂应力路径及梯度应力作用下发生变形破坏，是巷道围岩控制的关键性问题之一。因此，研究岩石受不同应力路径加载及梯度应力作用的变形破坏规律，对于揭示巷道围岩变形机理、控制巷道围岩稳定、保障矿井安全高效生产具有重要意义。

岩石的初始应力状态改变后，受到双向加载、三向加载及三轴加卸载等应力路径作用，与原始应力状态相比，岩石受到的偏应力发生了明显的变化。

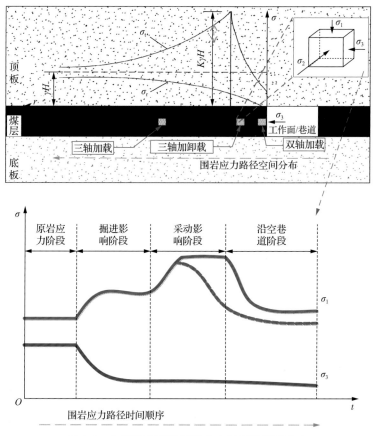

图 3-2　作用于巷道围岩的应力路径及梯度应力

σ_1、σ_2、σ_3 分别为最大主应力、中间主应力、最小主应力；H 为煤层埋深；γ 为上覆岩层容重；K 为应力集中系数

　　塑性力学及岩土弹塑性力学的试验与理论认为[1-6]：岩石一点的应力状态可由 9 个应力分量表示，即应力张量。应力张量可分解为应力球张量和应力偏量。应力球张量也被称为静水压应力状态，其仅改变物体的体积而不改变其形状，且不影响屈服，与塑性变形无关；而材料的塑性变形和破坏主要是由于形状的改变，由偏应力控制。

　　将一点的应力状态 σ_{ij} 分解为两部分，一部分是各向等值的应力 $\sigma_m \delta_{ij}$，而另一部分应力则记为 S_{ij}，各部分应力的关系为

$$\sigma_{ij} = \sigma_m \delta_{ij} = \begin{bmatrix} \sigma_m & 0 & 0 \\ 0 & \sigma_m & 0 \\ 0 & 0 & \sigma_m \end{bmatrix} + \begin{bmatrix} \sigma_x - \sigma_m & \tau_{xy} & \tau_{xz} \\ \tau_{yx} & \sigma_y - \sigma_m & \tau_{yz} \\ \tau_{zx} & \tau_{zy} & \sigma_z - \sigma_m \end{bmatrix} \tag{3-1}$$

　　当一点处于主应力状态下时，其可表达为

$$\sigma_{ij} = \sigma_m \delta_{ij} = \begin{bmatrix} \sigma_m & 0 & 0 \\ 0 & \sigma_m & 0 \\ 0 & 0 & \sigma_m \end{bmatrix} + \begin{bmatrix} \sigma_1 - \sigma_m & 0 & 0 \\ 0 & \sigma_2 - \sigma_m & 0 \\ 0 & 0 & \sigma_3 - \sigma_m \end{bmatrix} \tag{3-2}$$

式中，$\sigma_1 - \sigma_m$ 为主偏应力，亦称为最大主偏应力，在应力张量中起主导作用。

通常所说的偏应力是指最大主偏应力，也是本章衡量偏应力的指标。

应力球张量的计算公式为

$$\sigma_m = \frac{\sigma_1 + \sigma_2 + \sigma_3}{3} \tag{3-3}$$

偏应力为在总应力中减去平均应力的部分，其计算公式为

$$S_1 = \sigma_1 - \sigma_m = \frac{2\sigma_1 - \sigma_2 - \sigma_3}{3} \tag{3-4}$$

围岩应力是球应力和偏应力的叠加。通常情况下，巷道围岩结构的变化影响巷道围岩主应力的分布，由式(3-3)可近似认为球应力未发生改变，但是由式(3-4)可知偏应力对主应力分布的变化具有较高的敏感性。偏应力能控制岩体的破坏，对岩石塑性破坏的影响有重要意义。

3.2.2　双轴加载下偏应力对岩石破裂作用机制试验

为了研究不同路径下偏应力对岩石材料的破坏规律，采用泥岩试样在偏应力与梯度应力真三轴物理模拟试验系统进行泥岩双轴加载破坏试验。

试验前，根据国际岩石力学测试标准，利用从口孜东煤矿现场取的大块泥岩试样，分别加工制作了 $\phi 50\text{mm} \times 100\text{mm}$、$\phi 50\text{mm} \times 25\text{mm}$、$50\text{mm} \times 50\text{mm} \times 50\text{mm}$ 等不同形状的试样共计 34 块，测定泥岩的基础力学性质参数。制作 $100\text{mm} \times 100\text{mm} \times 100\text{mm}$ 泥岩立方试样 10 块，进行不同路径下的加载破坏试验。

试验方案如下：

(1)测试岩石在不同裂隙发育程度下的应力状态：选定 $100\text{mm} \times 100\text{mm} \times 100\text{mm}$ 试样，在岩石力学真三轴物理模拟试验系统进行单轴压缩试验，测定其应力-应变曲线(图3-3)，得出 $100\text{mm} \times 100\text{mm} \times 100\text{mm}$ 泥岩试样的单轴抗压强度 σ_c 是 18.51MPa。

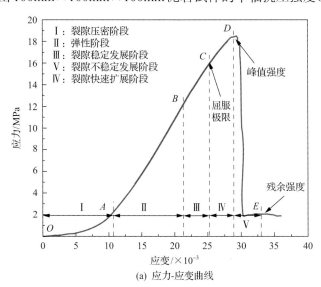

(a) 应力-应变曲线

(b) 破坏形态

图 3-3 泥岩单轴压缩应力-应变曲线及破坏形态

（2）将 σ_2 分别设定为其单轴抗压强度 σ_c 的 45%、75% 和 90%，以模拟岩石不同的初始裂隙发育程度，泥岩双轴应力加载值设计方案如表 3-1 所示。为了模拟巷道围岩的真实二向受载应力路径，试验加载的应力路径如图 3-4 所示。

表 3-1 泥岩双轴应力加载值设计方案

方案	应力场	试块材料	试块尺寸
Ⅰ	$\sigma_3=0$，$\sigma_2=45\% \sigma_c=8.3295$ MPa，σ_1=直到破坏	泥岩	100mm×100mm×100mm
Ⅱ	$\sigma_3=0$，$\sigma_2=75\% \sigma_c=13.8825$ MPa，σ_1=直到破坏	泥岩	100mm×100mm×100mm
Ⅲ	$\sigma_3=0$，$\sigma_2=90\% \sigma_c=16.6590$ MPa，σ_1=直到破坏	泥岩	100mm×100mm×100mm

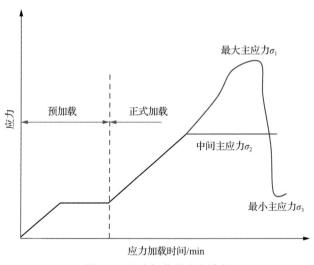

图 3-4 试验加载的应力路径

试验开始前，首先对试块进行减摩处理，按照"三层黄油两层聚四氟乙烯"方法，在试块和压盘间垫聚四氟乙烯复合层，为了保证最佳效果，黄油涂抹要做到"均匀和薄层"。然后，将试块放到试验机内，使试块与试验机下压头对齐以免出现偏心，同时将两层聚四氟乙烯薄膜在压盘钻孔位置裁剪出相应孔洞，以便使传感器与试样间达到较好的耦合。开始加载前，为了防止加载压头的偏心问题，所有通道按相同速率行走相同的行程，使其同时接触试块，接触应力为 0.1MPa。为了消除减摩材料对试样变形及压头球头位置调整的影响，将各应力通道预加载到 1MPa。

　　泥岩的双轴抗压强度是指在载荷作用下试块破坏时的峰值强度。本试验使用岩石真三轴加载试验系统对 3 种方案共 6 块泥岩试样进行了双轴加载测试，统计的泥岩平均双轴抗压强度如表 3-2 所示。可以看出，随着 σ_2 值逐渐增大，泥岩的双轴抗压强度呈现出增大的趋势，说明具有不同初始裂纹发育程度的岩石(弹性阶段、裂缝稳定发展阶段、裂缝不稳定发展阶段)承载能力不同。当 $\sigma_2=90\%\ \sigma_c=16.659$MPa 时，其双轴抗压强度最大，为 23.47MPa。这种现象可能与围压效应有关。当最小主应力为零时，中间主应力对岩石抗压强度有着明显的影响，随着中间主应力增大，岩石的抗压强度呈现增大的趋势。

表 3-2　不同中间主应力下的泥岩平均双轴抗压强度

$\sigma_2=45\%\ \sigma_c$ 时的 σ_1 峰值/MPa	$\sigma_2=75\%\ \sigma_c$ 时的 σ_1 峰值/MPa	$\sigma_2=90\%\ \sigma_c$ 时的 σ_1 峰值/MPa
17.14	17.32	23.47

　　泥岩在不同应力水平下的双轴压缩偏应力-应变曲线如图 3-5(a)所示。由图 3-5(a)可以看出，在不同中间主应力 σ_2 水平下，双轴压缩偏应力-应变曲线大致相似，但与单轴加载的应力-应变曲线有所区别：泥岩的偏应力-应变曲线在弹性阶段经历很短暂的裂隙稳定发展阶段后就进入裂隙不稳定发展阶段。随着 σ_2 值增大，泥岩变形特征由脆性转为塑性。在较高中间主应力下，泥岩峰后破坏的脆性特征显现，峰后强度降低。

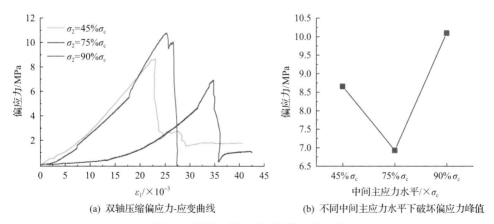

(a) 双轴压缩偏应力-应变曲线　　　　(b) 不同中间主应力水平下破坏偏应力峰值

图 3-5　泥岩双轴加载时的偏应力变化

　　同时，比较不同应力水平下岩石破坏时的偏应力峰值，如图 3-5(b)所示。由图 3-5

(b)可以看出，随着中间主应力 σ_2 增加，偏应力峰值呈现先减小后增大的趋势，中间存在明显分界点。这种现象可能是由于随着中间主应力增长，岩石的破坏机理具有由张拉破坏向剪切破坏转变的趋势。

泥岩在受双轴加载状态下，裂纹沿着应力加载面发育(图 3-6)，破坏面沿着中间主应力方向分布。试样表面的裂纹可分为两种类型[图 3-6(c)]，即与自由面平行的竖直张拉裂纹和与自由面斜交的剪切裂纹。这两种裂缝的形成机制分属岩石变形的结构性畸变和材料性畸变，形成机理将在下文讲解。岩石在双轴压缩下的破坏行为说明，岩石在双轴压缩的应力路径作用下，会发生拉伸和剪切两种破坏模式，破坏类型更加复杂。

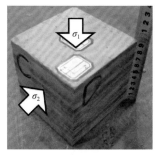
(a) 加载前的试样

(b) 破坏后的裂纹分布

(c) 侧面的裂纹

图 3-6　双轴加载下泥岩裂纹变化

3.2.3　真三轴加载下偏应力对岩石破裂作用机制试验

巷道围岩受到开挖、回采等扰动，岩体承载结构发生变化，近表围岩发生应力集中。与原岩应力状态相比，岩石处于真三轴加载状态。为了研究泥岩在真三轴加载状态下的破坏行为，采用泥岩试样在岩石力学真三轴物理模拟试验系统上进行三轴压缩试验。

将 σ_2 分别设定为其单轴抗压强度 σ_c 的 45%、75%和 90%，同时设置 σ_3 值为其单轴抗压强度的 20%，具体加载方案如表 3-3 所示。为了模拟巷道围岩的真实三向受载应力路径，试验的加载应力路径如图 3-7 所示。

表 3-3　泥岩真三轴加载应力值设计方案

方案	应力场	试块材料	试块尺寸
I	σ_3=20% σ_c=3.702MPa，σ_2=45% σ_c=8.3295MPa，σ_1=直到破坏	泥岩	100mm×100mm×100mm
II	σ_3=20% σ_c=3.702MPa，σ_2=75% σ_c=13.8825MPa，σ_1=直到破坏	泥岩	100mm×100mm×100mm
III	σ_3=20% σ_c=3.702MPa，σ_2=90% σ_c=16.659MPa，σ_1=直到破坏	泥岩	100mm×100mm×100mm

泥岩真三轴加载应力-应变曲线如图 3-8 所示。由图 3-8 可以看出，最大主应变随着最大主应力增加，但是其他主应变方向的应变均出现了先增加后减少的趋势。

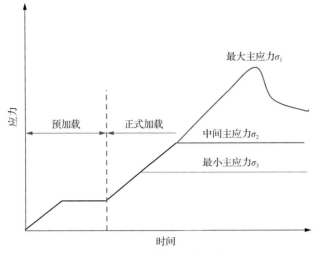

图 3-7　真三轴加载应力路径

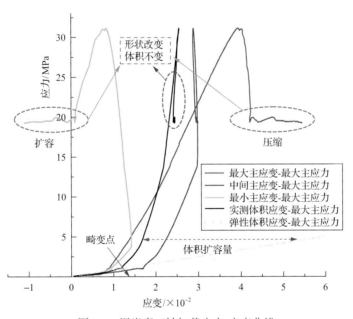

图 3-8　泥岩真三轴加载应力-应变曲线

其中最小主应变减小的趋势最明显(图 3-8)。在岩石受压的初始阶段,岩石内部结构较完整,在受到外部荷载时,岩石内部应力调整,使得岩石出现了弹性体积压缩;随着岩石内部微裂纹发育,微裂纹发生张性扩展,使得岩石应力较小的弱面发生了不同程度的膨胀,即岩石内部的畸变。岩石由于畸变造成体积扩容,使得岩石体积应变偏离理论的弹性体积应变。同时,畸变也造成岩石内部剪切滑移,在岩石破碎后,岩石内部出现稳定的剪切滑移,最大主应变与最小主应变的绝对值均在恒定应力下稳定增长。此时,由于岩石内部的剪切滑移,岩石在最大主应力方向的形变量转移至最小主应力方向,但是体积应变基本稳定,即三轴加载下的岩石在峰后形状改变但体积不变。

岩石畸变是由于岩石受到非均匀主应力作用，内部形成的偏应力造成的。泥岩真三轴加载偏应力-应变曲线如图 3-9 所示。由图 3-9 可以看出，在三向应力同步增长阶段(AB 段)，岩石处于静水应力状态，岩石的压应变正向增长；但是随着偏应力出现，岩石应力较小的弱面应变立即开始减小，出现膨胀，偏应力出现从 0 开始增长的点即为畸变点，说明了偏应力作用下岩石内部微裂缝张性扩展造成畸变的主导性作用。同时，应力水平较高的加载面出现偏应力时的变形量小于应力水平较低的加载面，说明在偏应力作用下岩石内部发生剪切滑移，从而使得岩石在不同加载面的畸变量实现转移。

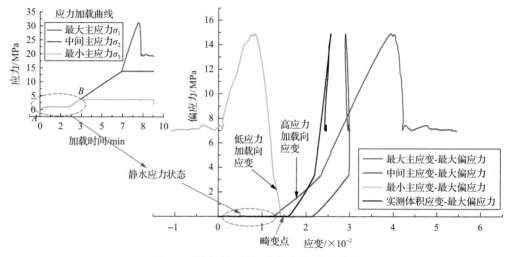

图 3-9　泥岩真三轴加载偏应力-应变曲线

图 3-10 是不同中间主应力水平下岩石三轴压缩的偏应力-应变曲线。由图 3-10 可以看出，畸变点出现越早，岩石出现破坏时的偏应力峰值越低，说明了在不同偏应力作用下，岩石内部畸变对岩石抗畸变能力具有决定性的影响。在试验中，岩石的抗畸变能力与中间主应力水平呈非线性关系，这可能是由于不同主应力组合对岩石造成的损伤和岩石的破坏模式产生的影响不同。但是，在岩石完全破碎后，岩石稳定滑移膨胀时的偏应力水平与中间主应力水平正相关，说明了岩石在偏应力作用下发生峰后稳定滑剪，滑动阻力与围压正相关。

泥岩在三轴加载应力路径作用下内部形成斜交的剪切裂缝(图 3-11)，裂缝面与中间主应力平行，裂缝分布在最大主应力和中间主应力作用面上，但是最小主应力作用面上没有裂缝。泥岩破坏后形成的剪切裂缝形态印证了泥岩在偏应力作用下内部裂纹张性扩展形成剪切破坏，并且破坏后稳定剪切滑移；泥岩破坏的现场与应力-应变、偏应力-应变曲线分析的结果是一致的(图 3-8～图 3-11)。

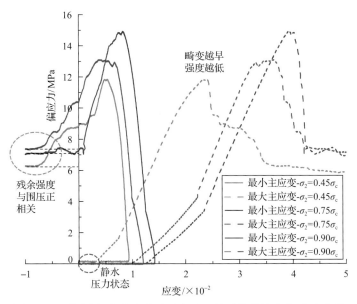

图 3-10　不同中间主应力水平下岩石三轴压缩的偏应力-应变曲线

(a) 加载前试样　　　　　(b) 破坏后的裂纹空间形态　　　　　(c) 破坏后侧面裂纹形态

图 3-11　三轴加载下泥岩破坏的裂纹形态

3.2.4　真三轴加卸载下偏应力对岩石破裂作用机制试验

地下开挖、回采等造成巷道围岩局部应力集中，但同时靠近开挖面的围岩出现变形卸荷，从而使得围岩承受三轴加卸载的应力路径作用。为了研究试样在三轴加卸载条件下破坏的力学行为，选取泥岩试样进行真三轴加卸载下的压缩破坏试验。

为了模拟巷道开挖形成过程中对围岩造成的侧向卸荷，设计试验方案如下：将初始最大主应力 σ_1 分别设定为其 100mm×100mm×100mm 试样单轴抗压强度 σ_c 的 45%、75% 和 90%，以模拟岩石的初始裂纹发育状态；应力条件加载到设定值后，以 0.02mm/s 的速率加载直到试块破坏。同时，设置 σ_3 值为 σ_c 的 20%，模拟侧向应力；设置 σ_2 值为其单轴抗压强度的 90%，卸载速率为 0.2 MPa/s，模拟开挖卸荷侧的应力路径；具体的泥岩加载方案如表 3-4 所示。为了模拟巷道围岩的真实三向加卸载应力路径，试验的加卸载应力路径如图 3-12 所示。

表 3-4　泥岩真三轴加卸载应力值设计方案

方案	应力场/MPa	试块材料	试块尺寸
I	σ_3=20% σ_c=3.702MPa，σ_1=45% σ_c=8.3295MPa，σ_2=90% σ_c=16.659MPa，σ_1=加载到破坏，σ_2=卸载	泥岩	100mm×100mm×100mm
II	σ_3=20% σ_c=3.702MPa，σ_1=75% σ_c=13.8825MPa，σ_2=90% σ_c=16.659MPa，σ_1=加载到破坏，σ_2=卸载	泥岩	100mm×100mm×100mm
III	σ_3=20% σ_c=3.702MPa，σ_1=90% σ_c=16.659MPa，σ_2=90% σ_c=16.659MPa，σ_1=加载到破坏，σ_2=卸载	泥岩	100mm×100mm×100mm

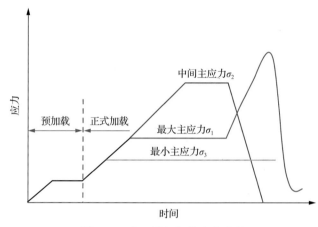

图 3-12　真三轴加卸载应力路径

随着初始最大主应力 σ_1 值逐渐增大，泥岩破坏时的最大主应力峰值呈现出先增大后减小的趋势（表 3-5）。之所以出现这种现象，可能是由于随着初始围压增加，其对岩石的损伤程度及破坏机理的影响产生了变化，初始围压在一定范围内增长时，围压效应显现，但是初始围压太大时，则对岩石的损伤作用显现。

表 3-5　泥岩真三轴加卸载下的最大主应力峰值

初始 σ_1=45% σ_c的中间主应力峰值	初始 σ_1=75% σ_c的中间主应力峰值	初始 σ_1=90% σ_c的中间主应力峰值
21.88	26.58	25.67

图 3-13 是泥岩在真三轴加卸载应力路径下破坏的全过程应力-应变曲线。由图 3-13 可以看出，随着最大主应力正式加载同时中间主应力卸载，岩石卸载向的压应变迅速减小甚至出现绝对扩容。岩石最小主应力加载向的应变则全程变化较小，说明偏应力作用下的岩石畸变具有显著的各向异性。岩石在真三轴加卸载变形破坏前，体积应变具有显著的恒定阶段，此时岩石内的加载端的压应变增量与卸载端的压应变减量相同，即岩石变形在峰前完全转为畸变；而在试样破坏后，岩石卸载端的应变在进入峰后稳定滑移前显著负向增长，远大于加载端的应变，岩石进入峰后剧烈扩容阶段。岩石在真三轴加卸载应力路径下破坏的变形特征表明，岩石在侧向斜荷竖

向加载条件下，在峰前畸变明显，峰后扩容明显，可能在微裂纹张性扩展的基础上出现了破碎岩块的结构性滑移扩容；但是变形具有各向异性，在最小主应力向的变形几乎恒定。

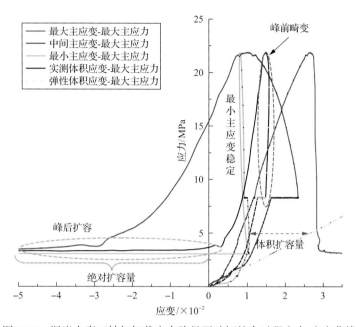

图 3-13　泥岩在真三轴加卸载应力路径下破坏的全过程应力-应变曲线

图 3-14 是泥岩在真三轴加卸载应力路径下破坏的偏应力-应变曲线。由图 3-14 可以看出，随着偏应力增加，卸载向中间主应变开始出现扩容，但是最小主应力方向的应变保持不变，说明了偏应力下畸变的显著各向异性特征。在最大偏应力峰前阶段，岩石体积应变恒定，但是在缝后阶段岩石体积应变开始迅速扩容。岩石在

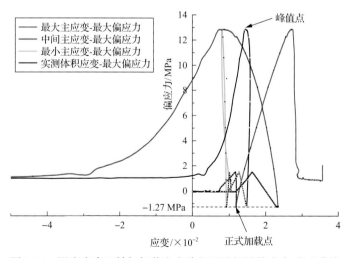

图 3-14　泥岩在真三轴加卸载应力路径下破坏的偏应力-应变曲线

侧向卸载竖向加载的应力路径下的峰后体积变化与岩石在真三轴加载下体积应变在峰值前后保持稳定(图 3-8)的特征具有明显的区别,说明了真三轴加卸载的应力路径下岩石的破坏程度远高于真三轴加载应力路径下岩石的破坏程度。围岩在不同应力路径下的扩容特征表明在受到开挖扰动的近表围岩变形较大,应当受到足够的关注。

图 3-15 是具有不同初始应力状态的泥岩在真三轴加卸载应力路径下破坏的应

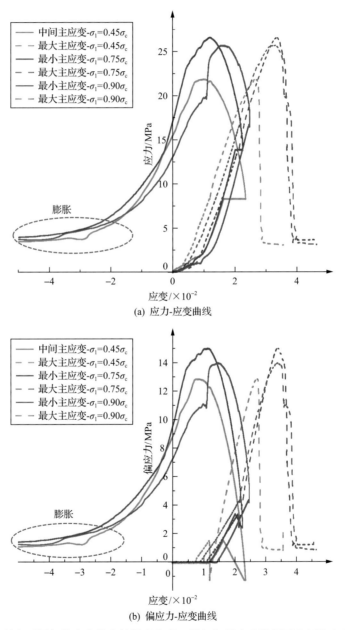

(a) 应力-应变曲线

(b) 偏应力-应变曲线

图 3-15 具有不同初始应力状态的泥岩在真三轴加卸载应力路径下破坏的应力-应变、偏应力-应变曲线

力-应变、偏应力-应变曲线。由图 3-15 可以看出，随着围压增加，中间主应变-最大主应力曲线的斜率增加，表明偏应力作用下岩石的扩容特性减弱，这种现象可能与岩石在峰前阶段受到不同围压效应作用有关。在卸载方向，岩石在真三轴加载条件下破坏后出现稳定滑移的残余强度与围压有关(图 3-10)；但是，在真三轴加卸载条件下，围岩的破坏程度更高，残余强度普遍较低(图 3-15)，这说明了岩石在真三轴加卸载作用下承载结构已经完全破坏。

对泥岩试验结果进行统计，得到 3 种围压条件下试块破坏时的各实验方案得到的平均偏应力峰值，如图 3-16 所示。由图 3-16 可以看出，随着初始最大主应力增加，泥岩破坏时的偏应力峰值呈现出先增大后减小的趋势，中间存在明显的阈值。之所以出现这种现象，可能是由于在一定的围压水平下，围压效应有助于提升岩石承载能力；而当围压高于一定的值时，高应力下外部对岩石的扰动造成的破坏显现，初始裂隙与非均匀加载下的偏应力共同作用，使得岩石承载能力降低。

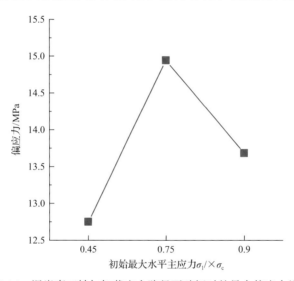

图 3-16　泥岩真三轴加卸载应力路径下破坏时的最大偏应力峰值

泥岩在真三轴加卸载应力路径作用下破坏的表面裂纹形态如图 3-17 所示。由图 3-17 可以看出，泥岩破坏后在平行于中间主应力的方向形成裂缝面。裂缝面具有

  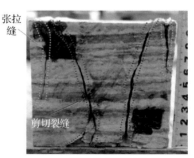

(a) 加载前试样　　　　　　(b) 破坏后试样的裂缝分布　　　　　(c) 泥岩表面的裂缝类型

图 3-17　泥岩在真三轴加卸载应力路径作用下破坏的表面裂纹形态

两种类型，即与最大主应力加载方向平行和与最大主应力加载方向斜交，如图 3-17(b) 和 (c) 所示。与真三轴加载不同，泥岩受竖向加载侧向卸荷的应力作用后，形成的裂纹既有由于张拉破坏形成的竖向张拉缝，也有由于剪切破坏形成的剪切缝，说明泥岩在真三轴加卸载应力路径作用下破坏时，破坏模式既受到材料强度影响，也受由于应变不协调而形成的结构性畸变影响。

3.3　泥岩在双轴压缩下的层裂机制

地下原岩处于三向加载稳定状态，巷道开挖后，巷道围岩在巷道径向发生不同程度的卸荷，特别是巷道近表围岩，处于双向加载状态。在浅部矿井中，巷道围岩的层裂破坏并不是巷道围岩控制的决定性因素，但随着采深增加，深部矿井的围岩性质和应力环境发生了变化，巷道近表围岩的层裂破坏对巷道变形及破坏的作用变得不容忽视。

深部矿井的巷道近表围岩在回采过程中发生递进性层裂破坏，并且破坏深度更大，对深部矿井巷道围岩大变形具有重要影响。例如，使用锚索网系统加固巷道近表围岩时，虽然巷道被加固部分保持完好，但是在锚索网支护范围之后的围岩依然会在岩体纵深方向持续层裂破碎，最后在顶底板作用下，推动巷道近表围岩锚固体向巷道内整体移动。针对巷道围岩剪切破坏的研究已经具有较成熟的理论体系，但是针对巷道张拉型破坏的研究却很少。因此，研究巷道围岩在双向应力作用下的层裂机制对巷道围岩控制具有重要的意义。

地下工程开挖使得开挖断面处近表围岩的应力状态由三向加载转变为双向加载，巷道围岩是其中的典型代表。实践表明，巷帮 (煤壁) 常出现分层破坏 (片帮) 现象，特别是在煤矿中，巷道围岩在采动应力的作用下分层破坏严重，威胁人员和设备安全，妨碍安全高效生产。层裂是巷道围岩分层破坏的一种主要形式。在煤系岩层中，泥岩是巷道围岩的典型常见岩性，是巷道围岩控制的重点研究对象之一。

层裂是岩石在双轴压缩下破坏的一种主要形式。研究表明，层裂在空间上发生在应力集中系数较小的近表围岩中[7-9]，在时间上可能是巷道围岩初期破裂的主要形式[10]。岩石层裂后形成板状岩体[11,12]，使得岩体内弹性能释放的倾向性更大[13,14]。层裂对双轴压缩下岩石的破坏行为具有重要影响，但是已有的物理试验研究[7,8,13,15,16] 并没能解释岩石层裂的机理。另外，从已有试验结果[17-18] 可以看出，端部摩擦增强后，岩石破裂的成因和形态都显著变化。但是，已有物理试验并没有控制和区分端部摩擦对双向受载岩石最终破坏结果的影响，也不能完全解释各种应力在双轴压缩下岩石破坏过程的作用，岩石在双轴压缩下破坏的机理仍有待完善。本节的研究重点是岩石在双轴压缩状态下的层裂破坏。

针对岩石的层裂条件，通过数值模拟发现均质度较高的岩石更易发生层裂[19]；同时，当试样的宽高比 (height-to-width ratio) 接近 1 时，更容易观察到岩石层裂[14]。

针对岩石层裂的破坏类型，有研究认为层裂是岩石在自由面影响下局部 II 型剪切裂纹相互贯通并形成板状岩体结构的过程[20]。但是，据巷道中层裂现场的观察结果[11]，层裂时形成的板状岩体主要是由于张拉破坏形成的，只在板状岩体边界的局部地区有剪切滑移的痕迹。针对层裂面的扩展行为，研究认为岩石受到双向压缩时，中间主应力迫使裂缝平行于加载方向发育[21]，破坏面趋近于与 σ_1 和 σ_2 组成的平面平行[9]。在动载层裂实验中测定了层裂的动态张拉强度[22]，但是工程（如煤矿巷道）更关心准静态荷载下层裂岩石的抗压强度。已有研究探讨了花岗岩在双向压缩下破坏的强度准则[21, 23]，但是对泥岩层裂破坏的承载性能变化还缺乏研究。自由面的形状和尺寸对层裂有影响，如在圆形巷道中，层裂过程表现为 V 形层状弹射，并且层裂过程中产生长裂纹所需的应力小于短裂纹产生的应力[12,21]。煤体中的瓦斯压力等可能会降低层间约束，使得层裂更易发生[24,25]。这些研究对岩石层裂问题做了有益的探索，但是目前针对泥岩层裂的试验及机理研究较少，对工程中巷道泥岩层裂破坏的控制还缺乏足够的科学依据。

　　针对泥岩，采用真三轴加载试验系统进行双轴压缩试验来研究泥岩的层裂破坏，试验过程中尽量减小端部约束对试验的影响。通过试验，总结岩石层裂破坏的应力与应变特征，分析层裂过程中张拉应变的形成过程，讨论中间主应力、端部约束对泥岩层裂破坏的影响。

3.3.1　试验方案

　　本试验采用真三轴加载试验系统研究泥岩在双轴压缩下的层裂破坏过程，如图 3-18 所示。该系统具有 6 个可独立编程控制的电液伺服加载通道，控制精度为

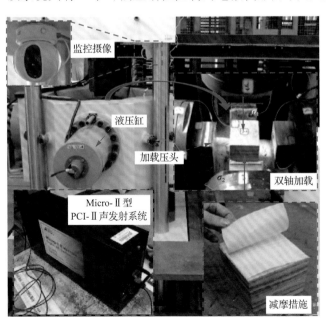

图 3-18　真三轴加载试验系统

±0.5% FS，其中竖向 2 个通道最大加载压力为 1500kN，水平 4 个通道最大加载压力为 800kN。试验系统可容纳 $100mm^3$、$150mm^3$ 和 $200mm^3$ 3 种尺寸的立方体试样，可模拟工程中岩石的复杂应力状态，可通过编程控制应力加载过程。

在大块泥岩上，垂直泥岩层理进行密集切割，制备试样(图 3-19)，减小泥岩试样的离散性和层理面对试验的影响。按照国际岩石力学标准测定所用泥岩试样的基本力学参数(表 3-6)，并在真三轴加载试验系统中测得加工好的 100mm×100mm×100mm 立方体试样的单轴抗压强度 (σ_c) 为 18.51MPa。对试样尺寸的考虑主要基于两个方面：①消除试样宽高比的影响[14]，使岩石层裂更容易发生；②试样尺寸与试验系统加载压头的尺寸匹配，有利于减小摩擦和边界效应对试验结果的影响。

图 3-19 试样及其基本力学参数

表 3-6 泥岩试样基本力学参数

力学参数	值	试样尺寸
单轴抗压强度 σ_{c0}/MPa	24.56	
弹性模量 E/GPa	26.25	ϕ50mm×100mm，标准圆柱试样
泊松比 ν	0.12	
单轴抗拉强度 σ_t/MPa	3.73	ϕ50mm×25mm，标准圆柱试样
黏聚力 C/MPa	11.74	50mm×50mm×50mm，立方体试样
摩擦角 φ/(°)	18.66	
单轴抗压强度 σ_c/MPa	18.51	100mm×100mm×100mm，立方体试样

首先采用真三轴加载试验系统进行立方体试样的单轴压缩破坏试验(图 3-19 和表 3-6)，然后模拟巷道近表围岩受到的双轴压缩应力状态，对试样进行双轴压缩破坏试验(图 3-20)。参考试样在单轴压缩破坏过程中经历的弹性阶段、屈服阶段和破坏阶段 3 个阶段的不同应力状态，设定 $\sigma_2 = j\sigma_c$(j=0.45、0.75、0.9)，最小主应力 σ_3=0MPa，沿最大主应力 σ_1 方向压缩试样直到破坏。在试样与加载压头接触过程中，设定较小的预紧力，防止试样由于加载压头的冲击而出现破坏。在试样名义应力未达到设定 σ_2 前，采用应力控制的加载方式以保持 σ_1、σ_2 同步，防止试样在加载过程中由于应力差异出现破坏。试样名义应力达到设定 σ_2 后，保持 σ_2 不变，采用位移控

制方式加载 σ_1 直至破坏，以模拟巷道近表围岩在采动应力影响下层裂破坏的应力路径，同时获得较完整的破坏后试样。

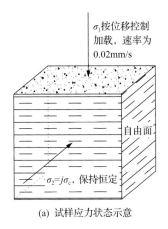

(a) 试样应力状态示意　　　　　　(b) 实验机对试样的实际加载方向

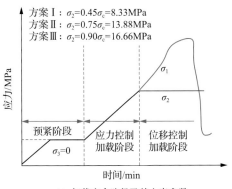

(c) 加载应力路径及其方案参数

图 3-20　泥岩双轴压缩试验方案

试验中尽量减小端部摩擦，在加载压头与试块之间均匀涂抹 3 层黄油并用 2 层聚四氟乙烯薄膜隔离（图 3-18）。试验中设定试样的自由面垂直于层理面，减小层理面强度差异对试验结果的影响（图 3-20）。

双轴加载分为 3 个阶段（图 3-20），最小主应力端全程不加载。第一阶段，σ_1、σ_2 通道同步预加载 1MPa 的预紧应力；第二阶段，按 0.05MPa/s 的加载速率将 σ_1、σ_2 按应力控制同步加载到方案设定的 σ_2 值；第三阶段，保持 σ_2 不变，σ_1 以 0.02mm/s 的速率按位移控制加载，直到试块破坏。对试块进行双轴加载时，加载的应力（采集频率为 10Hz）、加载压头的位移（采集频率为 10Hz）、试验录像（帧率为 17f/s）和声发射监测信号等数据保持时间同步且实时采集，试样破坏后记录试样破坏形态。

各加载方案的第二加载阶段完成后，泥岩试样都没有破坏，说明各方案中的试样能够在达到设定应力状态后才发生破坏，即试验结果是在不同设定应力状态下得到的。

3.3.2 泥岩双轴压缩的应力-应变特征

相比于单轴压缩，泥岩双轴压缩的应力-应变曲线(图 3-21)表现出更强的弹性。泥岩受双轴压缩时的应力在峰后破坏阶段急剧降低，伴随着声发射事件数多次激增。泥岩在双轴压缩状态下的变形随着应力-应变曲线由破坏阶段转为残余强度阶段时(图 3-21 中 D 点附近)，应力-应变曲线有明显的应变回弹现象，应变回弹量 $\Delta\varepsilon = 0.03 \times 10^{-2} \sim 0.06 \times 10^{-2}$，应变回弹历时 $t = 0.3 \sim 0.6\text{s}$，应变回弹期间应力下降量 $\Delta\sigma \approx 1\text{MPa}$；发生应变回弹时，$\sigma_1 \ll \sigma_2$。在应变回弹开始时，监测得到的声发射事件数有 1 次明显的激增。应变回弹后应力随即上升，岩石变形转入残余强度阶段。

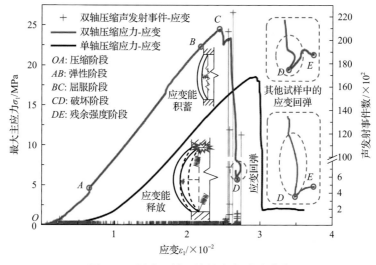

图 3-21　泥岩双轴压缩的应力-应变曲线

试验机使用电液伺服控制系统按照位移控制加载时，液压缸以恒定速率刚性驱动加载压头前进(图 3-18)。试验系统监测到的应力被动取决于试样的实时承载能力，试验系统监测到的应变取决于加载压头的位移。应变回弹反映了加载压头回退的过程，同时试样承载性能也持续衰减。当双轴压缩的应力-应变曲线由 C 点接近 D 点时，中间主应力方向的应变 ε_2 持续加速增长，主动加载方向的应变回弹可能与 σ_2 方向的压缩有关。但是，这种应变回弹在其他的单轴压缩试验中也能清晰地观察到[26]。试验过程中的声发射事件波动表明岩石内部有弹性应变能释放，说明除了 σ_2 方向的压缩外，应变回弹也有可能是岩石层裂过程中释放的弹性应变能造成的。与单轴压缩对比，岩石受到双轴压缩时应力-应变曲线表现出的应变回弹更明显，说明双轴压缩下层裂形成的层状岩石的弹性变形能力更强。岩石层裂前受到围岩的静不定约束处于超静定不稳定平衡状态，受压变形而在内部存储弹性应变能；层裂后来自围岩的静多余力解除，层状岩石释放弹性应变能而成为放松结构，释放能量的层状岩石对周围物体做功，在应力-应变曲线上形成明显的应变回弹等现象。

受双向压缩的岩石，在自由面方向具有侧向应变 ε_3。ε_3 在压密阶段和部分弹性阶段随最大主应力 σ_1 线性增长，在应力曲线峰值前靠近屈服点的部分弹性阶段、屈服阶段和峰后破坏阶段加速增长，在岩石破坏后与最大主应力方向的应变 ε_1 同步线性变化[图 3-22(a)]。在应力按照位移控制加载后，ε_3 的增量远大于 ε_1 和 ε_2 的增量[图 3-22(a)]。实测的加载端应变 ε_1 和 ε_2(图 3-21 和图 3-22)与在同等应力水平下通过弹性模量(图 3-22，E 值)计算的泥岩材料的应变理论值相差 1 个数量级。试验中泥岩初始自由面被明显挤出，试样在自由面法线方向的最终位移量可达 7mm[图 3-22(a)]，测定的自由面法线方向的应变与通过泊松比(图 3-19，v 值)计算的理论值相差 1～3 个数量级，说明岩石层裂时变形量明显增长。当最大主应力接近屈服点时，体积应变 ε_v 进入恒定阶段[图 3-22(b)，AB 段]；在最大主应力接近峰值点前，体积应变 ε_v 进入扩容阶段[图 3-22(b)，BC 段]。体积应变 ε_v 的变化主要受到侧向应变 ε_3 变化速率的影响，ε_v 在应力峰值前的增长变化体现了试样在经历弹性变形后 ε_3

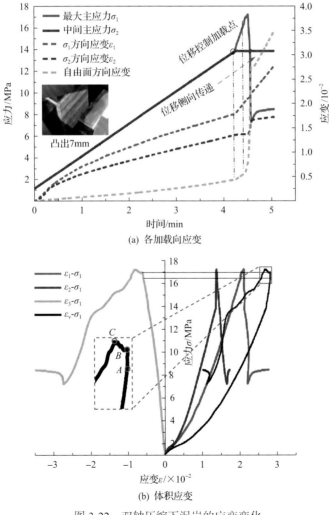

(a) 各加载向应变

(b) 体积应变

图 3-22　双轴压缩下泥岩的应变变化

的加速增长趋势。侧向应变 ε_3 是由于泊松效应导致的，在试样破坏前，泊松效应凸显，形成的显著侧向变形可能对岩石造成损伤。

层裂后 ε_3 与 ε_1 同步线性变化，这可能是由于岩石在最大主应力方向的变形量通过岩石结构侧向传递到自由面法线方向，使得岩石在自由面法线方向的变形显著增加(图 3-22)，即层裂后岩石的侧向变形受到岩石结构效应的主导。侧向应变 ε_3 从弹性阶段开始增长速率加快(图 3-22)，说明岩石在从弹性变形阶段到峰后破坏阶段的过程中都有可能持续层裂，持续增加的层状岩石结构使得岩体整体的结构效应逐渐增强，侧向变形量持续增加。层状岩石具有较强的弹性变形能力，岩体在持续层裂过程中的承载性能也表现出更强的弹性特征。当大规模层裂发生时，岩体承载能力锐减，使得应力急剧降低(图 3-21)。

深部矿井在开采过程中矿井动力灾害发生的倾向性和频率增加，其本质因素是深部矿井岩石性质和应力环境发生了变化。深部巷道围岩在岩性和地应力共同作用下发生层裂破坏，岩体释放弹性能的倾向性增加。同时，层裂破坏使得巷道变形量更大，提高了巷道围岩控制的难度。

3.3.3 泥岩双轴压缩的层裂破坏过程

双轴压缩下的泥岩层裂后在试样表面形成的裂缝相互平行[图 3-23(a)]；层裂面平整，层理界限清晰，粗糙度分布均匀[图 3-23(b)]；从细观尺度上可以大范围地观察到层裂面上的完整矿物结构和鳞片形蓬松岩块，具有典型的张拉破坏特征[图 3-23(c)]。层裂面上占主导性的张拉破坏痕迹说明层裂是一种岩石的拉伸破坏现象，这与工程中观察到的层裂现象[12]一致。岩石由于张拉破坏形成的损伤区域呈面状分布，说明在破坏过程中位于该面状区域的岩石的拉伸线应变先于其他区域的岩石达到拉伸应变极限而同时形成拉伸破裂。在岩石层裂过程中，将这种由纵深方向拉伸应变场中拉应变最大的点组成的面状区域称为拉伸应变极值区，拉伸应变极值区的岩石随着应变增长到极限而最先出现拉伸破裂。层裂面的平整度说明岩石拉

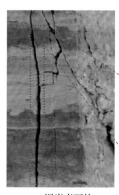

| (a) 泥岩表面的平行层裂裂缝 | (b) 单个层裂面形态 | (c) 层裂面微观形态 |

图 3-23　泥岩层裂面的基本形态与裂缝特征

应变场在层裂面法线方向以相同规律分布，因而拉应变极值区形成的域面较平整；层裂面较均匀的粗糙度说明在拉伸应变极值区的岩石所能承受的拉伸应变极限近似相等，即岩石压密度近似相等。在双轴压缩下的岩石内部变形相互协调，岩石内的拉伸应变极值区平行于自由面，呈面状分布；随着拉伸应变整体变大并达到应变极限，拉伸极值区内的岩石优先形成拉伸破裂，拉伸裂纹相互贯通，形成层裂面。

图 3-24 是发生在泥岩试样表面的层裂递进破坏时空过程（本节为便于表述，将轴线与 σ_x 垂直并且横截面上最长弦与 σ_x 平行的圆柱面称为 σ_x 向曲面，将 σ_x 向曲面发生的法线与 σ_x 垂直的层裂称为 σ_x 向层裂）。保持 σ_2 恒定，σ_1 按位移控制持续加载，在试样初始自由面中部区域第一次发生 σ_2 向层裂 [图 3-24(a)]；层裂形成的层状岩石结构随即隆起并被压弯折断，同时泥岩内部其他层裂面的裂纹也贯穿上表面 [图 3-24(b)]；被折断的岩石结构继续隆起并剥落，新自由面显露 [图 3-24(c)]；随着 σ_1 继续加载，泥岩在新的自由面中部第二次发生 σ_1 向、σ_2 向层裂，并隆起剥落 [图 3-24(d)]。

层裂是拉伸应变达到拉伸应变极限时发生的一种层状拉伸破坏，虽然 σ_2 恒定，但是 σ_2 向层裂却首先发生 [图 3-24(a) 和(d)]，说明双向主应力形成的侧向应变协同

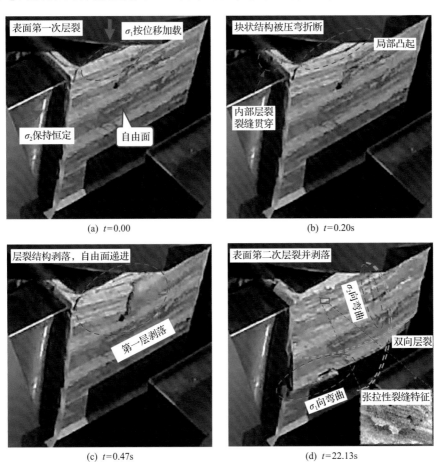

(a) $t=0.00$　　　　　　　　　　　(b) $t=0.20s$

(c) $t=0.47s$　　　　　　　　　　　(d) $t=22.13s$

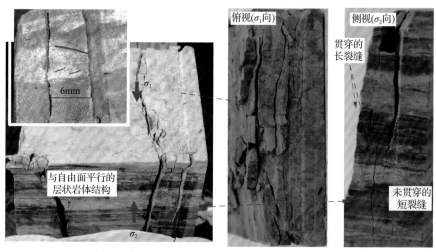

(e) 层裂后的岩体形态   (f) 图(e)局部放大

图 3-24 发生在泥岩试样表面的层裂递进破坏时空过程

变化，并且拉伸应变对层裂具有决定性影响。在泥岩层裂过程中，层裂位置总是靠近应力加载端的对称轴，且在岩石纵深方向靠近自由面[图 3-24(a)和(d)]。试验中的层裂位置表明，试样的拉应变极值区位于岩石自由面中部且距离岩石表面一定距离的区域，该区域的变形差异最大。层裂后自由面移动，岩体通过变形调整应力，形成新的拉应变极值区，并随着应变变大重复层裂，从而向着高应力区形成层裂递进破坏。

3.3.4 张拉层裂机制

岩石在双向压缩下的层裂是一种层状拉伸破坏，拉伸应变的分布规律对层裂影响较大（图 3-22～图 3-24）。考虑到层裂对称性及相互关联性，双向压缩下的层裂可以认为是单向层裂的叠加，因此选取单向层裂进行应变分析。本研究对岩石分析单元的划分如下：参考层裂面沿着自由面形成，先沿着自由面法线方向[图 3-25(a)中的 x 轴方向]将岩石划分为 $2n$ 个单位厚度的单元板 S_x $(-n \leqslant x \leqslant n)$，再平行于 σ_x（本

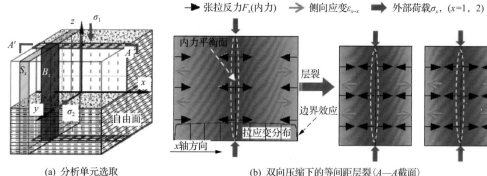

(a) 分析单元选取   (b) 双向压缩下的等间距层裂（A—A 截面）

图 3-25 双向压缩下的层裂

节以 σ_1 为例)取 S_x 中部单位宽度的单元条 B_x(B_x 经过自由面中部，$-n \leqslant x \leqslant n$)，分析 B_x 在受压条件下的变形过程。设可压缩的岩石各向同性，将岩石受到 σ_x 作用而引起的该方向上的密度变化量记为压缩密度 ΔD_x。压缩密度反映了岩石内部的围压变化，与岩石的脆-延性相关。

单元条 B_x 受来自加载压头的轴向压力 P_a 作用，P_a 除了形成轴向压缩应变外，还会由于泊松效应形成侧向应变 ε_{x-x}[27]。假设 B_x 由于泊松效应引起的侧向变形量为 δ，则各单元条 B_x 的侧向位移量由来自相邻单元传递的位移量 $(x-1)\delta$ 和自身侧向变形引起的位移量 0.5δ 两部分组成，总计为 $(x-0.5)\delta$(x 取整数，$1 \leqslant x \leqslant n$)。从原点至边界，如果单元条都均等变形，则不同位置单元条的侧向位移量呈线性增长。

在双向压缩下，由于泊松效应导致的侧向应变沿自由面法线方向，岩石为了抵抗变形，在内部组分间产生局部抗拉反力 F_x(内力，$1 \leqslant x \leqslant n$)。但是，不管在工程还是实验中，由于边界效应(近似认为表面无限薄的岩石单元刚度无穷小)，在自由面处的单元由于泊松效应形成的侧向拉应变近似为 0(图 3-25)，张拉反力 $F_n \approx 0$。抗拉反力通过单元传递，当岩石在内力平衡面处的拉应变达到单向拉伸断裂的应变极限值 $\varepsilon_{\lim}$ 时，岩石破裂。如果根据压应力的方向不同，考察不同方向的压密度变化，可得 ΔD_1、ΔD_2、ΔD_3 均匀分布，且 ΔD_3 最小，岩石在自由面法向的围压趋于 0，因此沿着该方向层裂。均匀分布的 ΔD_3 对层裂位置影响较小，破裂面的位置可能只受岩石几何形状影响。岩石受到双向压缩时，沿自由面法向的内部抗拉反力的内力平衡面是平面，发生等间距层裂[图 3-25(b)]。

3.3.5　层裂的影响因素

在试验及现场工程中，端部约束(接触面摩擦、斜坡角接触、岩石结构约束等)客观存在。试验中，试样部分边界区域未与加载压头直接接触[图 3-20(b)、图 3-26(a)]，该部分岩石的端部自由，在层裂时压缩密度较小，层裂后的裂缝面平整，粗糙度较小。试样靠近中心的区域直接与加载压头接触，该区域岩石受到端部约束的影响更强，压缩密度大，层裂后在裂缝面上可以看到鳞片状岩块，层裂面更粗糙[图 3-26(a)]，说明在端部约束增强时，层裂面粗糙度增加。在相同变形量下，岩石压缩密度小的区域先破坏[图 3-24、图 3-26(a)]，说明不同压缩密度下岩石的脆-延性不同，压缩密度小的岩石可承受的应变极限小，脆性更强。层裂面粗糙度随着端部约束增强而增长，这可能是由于端部约束增强后，岩石压缩密度增加，层裂岩石在释放弹性应变的过程中与未层裂岩石在接触点的切平面上形成更显著的相对切向拉伸。在贯穿的层裂裂缝间存在多条未贯穿的层裂裂缝[图 3-24(e)、图 3-26(b)]，说明端部约束抑制层裂裂缝的长度。岩体近表区域受已有层裂面影响而轴向刚度降低，受到的端部摩擦减弱，层裂裂缝长度增加。未贯穿的层裂裂缝也表明受双向压缩的岩石在端部约束影响下层裂时，裂缝从中部起裂，向端部扩展。层裂裂缝扩展到端部时急剧尖灭，裂缝开度也呈现出中部大、端部小的特点[图 3-26(b)]，说明端部约束抑制层裂裂缝的开度分布，越靠近端部的层裂裂缝开度越小。

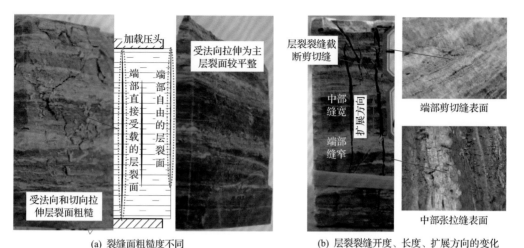

(a) 裂缝面粗糙度不同　　　　　　　　(b) 层裂裂缝开度、长度、扩展方向的变化

图 3-26　端部摩擦影响下的层裂面裂缝形态

　　试验中发现，端部约束抑制层裂裂缝的长度和开度，影响岩石实际的层裂过程。端部约束通过影响围压分布来抑制泊松效应引起的侧向应变，这种抑制作用随着远离端部接触面而减弱[28,29]（图 3-26），使得岩石单个单元 B_x［图 3-25（a）］中部的侧向应变 $\varepsilon_{x\text{-}x\text{-mid}}$（$z$ 轴方向靠近原点的区域）大于端部侧向应变 $\varepsilon_{x\text{-}x\text{-end}}$［图 3-27（a）］。进一步地，由于单元条 B_x 自身在 Z 方向的不均等泊松侧向应变分布（$\varepsilon_{x\text{-}x\text{-mid}} > \varepsilon_{x\text{-}x\text{-end}}$），使得单元条 B_x 各横截面的侧向位移量（x 轴方向，$(x-0.5)\delta$）沿 z 轴存在差异 Δd［图 3-27（b）］，由于 B_x 是连续完整岩石的一部分，因此这种位移差异导致 B_x 弯曲［图 3-27（a）］，Δd 即弯曲挠度。在端部约束影响下，岩石单元 B_x 的弯曲使得岩石形成曲状自由面（图 3-24、图 3-27），采用结构稳定理论分析岩石近表屈曲单元的微小变形，近表屈曲单元 B_n 的形状在二维坐标系（y-z 坐标系）中近似正弦函数曲线[30]。岩石内部单元

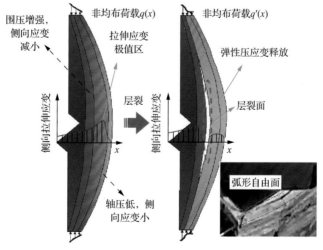

(a) 近表围岩层裂前后的侧向应变变化

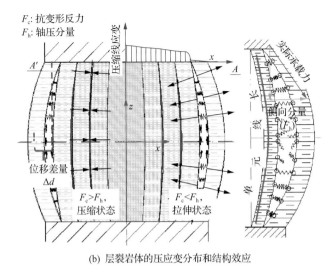

(b) 层裂岩体的压应变分布和结构效应

图 3-27　受端部约束影响时的层裂及结构效应

的弯曲和应变差异分布使得岩石出现非均匀变形。

受到端部约束影响的岩石内部变形非均匀时，内部单元形成抗弯反力和抗拉反力等抵抗变形的抗变形反力(内力)，抗变形反力在单元间相互作用形成围压效应。记变形单元 B_x 在自由面法线方向(x 轴方向)作用给相邻单元的抗变形反力为 F_c。F_c 通过单元传递，越靠近岩石中心(图 3-25 中 $x=1$ 处)的单元所受围压$\left(\sum_{i=x}^{n} F_c\right)$越大，越靠近自由面的单元所受围压越小。围压对泊松效应的抑制作用也与围压呈相同的分布规律，加剧岩石内部应变及变形的差异。在岩石内部单元 B_x 自身应变差异和侧向位移差异的影响下，岩石在承载方向的所有单元竖向(z 轴方向)应变分量相等时，越靠近岩石表面的单元线长度越大(图 3-25、图 3-27)，围压也越小，单元承载能力越弱；相反，越靠近岩石中心的单元承载能力越强。岩石通过内部连续非均匀变形调整内部应力场。在端部约束影响下，岩石在变形过程中调整应力分布，形成非均匀应力场。

在岩石内部应力场的分布调整后，如果暂不考虑围压对单元 B_x 泊松效应的抑制效果，则 $\varepsilon_{x\text{-}x}$($1 \leqslant x \leqslant n$)随单元实际承载应力 σ_y、σ_z 的变化而变化。也就是说，在不考虑围压时，单元 B_x 由于泊松效应产生的侧向应变 $\varepsilon_{x\text{-}x}$ 在岩石表面($x=n$ 处)最小，而在岩石中心区域($x=1$ 处)最大。但是，围压对泊松效应的抑制作用也呈相同的变化趋势，这就使得岩石内部的实际侧向应变 $\varepsilon_{x\text{-}x}$ 呈现出先增后减的趋势[图 3-27(a)]，侧向线应变极值区取决于岩石的实际承载力和围压的分布。处于应变极值区的岩石最先突破张拉应变极限而层裂。现场实测数据和试验数据(图 3-24)表明：在端部侧向约束影响下，受双轴压缩的岩石的应变极值区靠近自由面。例如，图 3-26(a)所示泥岩试样部分近表区域(单元)端部自由，侧向应变 $\varepsilon_{n\text{-}x}$ 和围压都很小，而岩石中心区域(单元)受围压的抑制作用最强，岩石单元承载力最大，侧向应变 $\varepsilon_{1\text{-}x}$ 在围压和承载力作用下也非最大值，即试样内部的侧向应变 $\varepsilon_{x\text{-}x}$ 在 x 轴方向呈现出先增加后减少的趋势[图 3-27(a)]。侧向应变 $\varepsilon_{x\text{-}x}$ 的极值出现在端部自由的岩石与端部受载岩石过渡区的变形差异最大处,该处岩石的张拉应变最先达到破坏的拉伸应变临界点,发生层裂。当端部约束影响岩石内部应力场分布时,在空间坐标中岩石的侧向(x 轴方向)拉伸应变呈相同规律分布,形成与自由面平行的面状线应变极值区,层裂后形成形状与自由面相似的层裂面。同时,如果按照应力方向将压缩密度变化量进行分解,则岩石层裂方向与压缩密度变化方向基本一致,压缩密度小的近表岩石更易发生破坏。压缩密度分布规律影响岩石的拉伸应变极限[图 3-26(a)],压缩密度随着围压变化,可能也是层裂位置靠近自由面的另外一个影响因素。应力场分布影响岩石的拉应变极值,压缩密度场影响岩石的拉伸应变极限。在一定的应力条件下,岩石拉伸应变极限对拉伸应变极值具有相对性,岩石拉伸应变极值与拉伸应变极限组合,可能使岩石在应力峰值前后都持续地层裂(图 3-22、图 3-24)。

岩石受双向压缩时,其双向应变协调同步变化(图 3-22、图 3-24),近表岩石(单元)变形近似正弦曲线,岩石内部由于泊松效应形成的侧向应变而呈非均匀分布[图 3-27(a)],在空间中形成与自由面平行的面状拉伸应变极值区。拉伸应变极值区的岩石先层裂,形成与自由面平行的面状层裂面。层裂对岩石内部的承载结构形成扰动,岩石重新在变形过程中调整应力分布,并在新的应变极值区重复层裂,发生层裂递进破坏。

端部约束抑制岩石单元的侧向位移,层裂形成的层状岩石释放弹性应变并在端部约束的影响下形成具有半个正弦波的屈曲结构,屈曲结构侧向传递力和位移[图 3-22、图 3-27(b)],使得岩体的结构效应凸显。岩石结构侧向传递的位移使得试验监测到的自由面法线方向的应变 ε_3 在岩石破坏后与 ε_1 同步变化(图 3-22)。记屈曲岩石结构侧向传导的轴压分量为 F_h,当 $F_c < F_h$ 时,岩石结构间的作用力表现为拉力[图 3-27(b)],记这种拉力为 $F_t(F_t = F_h - F_c)$。当岩石结构间的约束作用表现为张拉状态时,泊松效应充分自由显现,岩石强度降低,促进层裂裂缝扩展。

层裂形成屈曲层状岩石结构,屈曲层状岩石结构在层裂前受到围岩约束作用处于超静定不稳定平衡状态,层裂后多余约束解除,屈曲岩石结构压应变释放,形成放松结构[31]。屈曲层状岩石结构在弹性应变释放过程中,岩石结构的单位线长度增加[图 3-27(b)],与未层裂岩石在几何上形成具有相同弦长的弧形面。在该变形过程中,层裂岩石结构与未层裂岩石在接触面上的法向位移远大于切向位移;但随着端部摩擦增强,压缩密度增加,切向拉伸也增加,最终在层裂面留下鳞片状岩块[图 3-26(a)]。岩石受双轴压缩时,在应力达峰值前后均观察到层裂的发生(图 3-24),持续性层裂不断增加层裂岩体中屈曲岩石结构的数量,岩体受到层状岩石结构特性的影响而在承载性能上表现出较强的弹性特征,自由面方向的变形加速增长(图 3-21、图 3-22)。

随着端部约束增强,层裂裂缝在扩展过程中受到层状屈曲结构影响出现转向并且开度迅速减小[图 3-28(a)]。层状放松岩石结构被进一步压缩时可能形成其他破坏,如可能因为抗剪强度不足而在剪应力最大的端部形成共轭斜剪破坏[图 3-26(b)]、在单次层裂中剪切裂缝与张拉裂缝共同形成 C 形破裂面[图 3-28(b)]，或者因为抗弯刚度太小而沿弯矩最大的中部折断[图 3-25(b)和(d)]。屈曲层状岩石在彻底卸荷后恢复原形，与其他层裂的层状岩石形成平行于自由面的层裂裂缝。

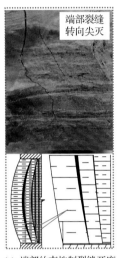

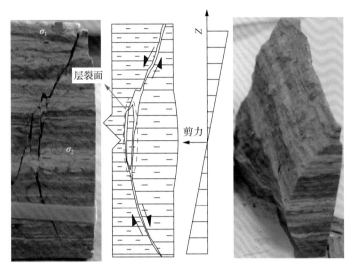

(a) 端部约束抑制裂缝开度

(b) 层裂缝与剪切缝形成的C形破坏面

图 3-28 端部约束影响下的裂缝形态

把单轴压缩下的张拉破坏作为 $\sigma_2=0$MPa 的特殊双轴压缩来比较，以不同应力水平的 σ_2 作为试验初始应力状态[图 3-29(a)]：只有当 σ_2 很接近 σ_c 时，双轴加载得到的最大主应力峰值和最大偏应力峰值才显著增加，同时测定的弹性模量也显著增大[图 3-29(b)]，这种现象可能与围压效应增强有关；相反，当 σ_2 不接近 σ_c 时，得到的最大主应力峰值并无明显差别，甚至随着 σ_2 的增加，试样的最大偏应力峰值反而降低[图 3-29(b)]。这说明中间主应力对岩石承载能力的促进作用具有一定的阈值。

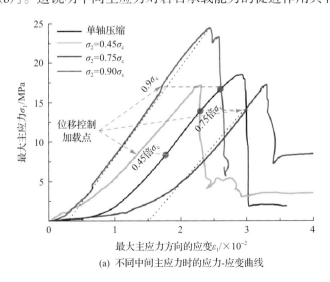

(a) 不同中间主应力时的应力-应变曲线

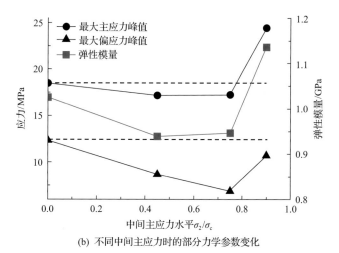

(b) 不同中间主应力时的部分力学参数变化

图 3-29　不同中间主应力时的岩石的力学承载特性

试验结果与部分研究相同[18,23]。与已有的研究结果相比,可能由于端部摩擦、岩性、岩样破坏模式及数值模型的破坏准则等差异,中间主应力对岩石承载能力的影响规律有偏差。但是,在试验测定的 σ_2 范围内,低应力下层裂是岩石的主导破坏模式,持续造成的局部损伤可能是岩石承载性能变化不大的主要原因;在高应力下,围压效应显现,岩石的主导破坏类型由层裂张拉破坏向剪切转变,这可能是应力升高时承载性能显著上升的主要原因。试验测定的泥岩承载性能在低应力下几乎不变,当 σ_2 增长到一定阈值后,泥岩承载能力迅速增长的规律可作为破坏形式转变后岩石承载性能发生变化的参考。

受单轴压缩的岩石具有柱状自由面,由于泊松效应形成的拉应变潜在自由发展方向为 360°,破坏过程中张拉裂缝由于局部应力场变化的影响发生转向,张拉破坏面也呈不规则的弧形曲面[图 3-30(a)];受双轴压缩的岩石由于泊松效应形成的拉应变只有一个自由发展方向,形成的拉应变场分布更具有规律性,形成的张拉裂缝线

(a) 岩石受单轴压缩时的不规则破坏面　　　　　　(b) 岩石受双轴压缩时的规则破坏面

图 3-30　泥岩在单轴/双轴压缩时的破坏面比较

性更好[图 3-30(b)]。与单轴压缩相比,双轴压缩使得岩石整个张拉破坏面的平均曲率显著减小,张拉破坏面的平面度更好,破坏面形状更趋于理想平面。中间主应力影响岩石由于泊松效应形成的侧向拉应变分布规律,从而使张拉损伤面的形状更趋近于理想平面。

受压岩石由于泊松效应形成侧向拉伸应变场,岩石中沿着自由面法线方向拉伸应变最大的点组成拉伸应变极值区。层裂是拉伸应变极值区的岩石在拉伸应变整体变大的过程中优先达到应变极限而形成的一种张拉破坏现象。拉伸应变极值区的空间参数受到岩石内部的承载力和围压分布规律的影响,岩石在双轴压缩应力状态下的拉伸应变极值区平行于自由面呈面状分布。该区域岩石优先形成拉破坏缺陷,面状的拉破坏缺陷相互贯通,形成层状破裂面。

双向受压的岩石由于端部约束等影响,其内部应力场为非均匀分布。岩石内的拉应变从自由面向着远场高应力区呈先增后减的分布规律,拉伸应变极值区接近自由面,使得层裂位置也接近自由面。层裂对岩体承载结构形成扰动,岩体通过变形重新调整内部的应力场分布,层裂在新的拉伸应变极值区重复发生,层裂破坏向岩体高应力区域递进。

双向受压的泥岩在弹性变形阶段过后泊松效应凸显,层裂在受压泥岩的应力峰值前后阶段都会发生。泥岩岩体受到持续层裂形成的层状屈曲岩石结构的影响,表现出更显著的线弹性承力学特性,并且自由面法线方向的变形量显著增长。受压泥岩层裂时释放弹性应变能,在应力-应变曲线上表现出应变回弹现象。

端部约束抑制层裂裂缝的开度和长度。端部约束增强后,层裂面更加粗糙。中间主应力对岩石承载性能的促进作用具有一定阈值,使得受压岩石中拉伸损伤区的形状更趋近于理想平面。受端部约束影响,层裂形成的板状岩石释放弹性应变并在端部约束的影响下形成具有半个正弦波的屈曲结构,屈曲结构侧向传递力和位移[图 3-24(b)],使得层裂岩体结构效应显著。在深部矿井围岩中,板状岩块在回采过程中受顶底板作用进一步弯曲变形,板状岩体弹性变形致使浅部围岩侧向滑移流变,同时岩体与岩体间不整合接触也会造成岩体扩容。随着压缩位移增大,岩体可能沿着中部弯折抬升,或者沿着端部发生剪切破断。这些破碎岩体在高地应力和强采动作用下,整体发生复杂的结构性运动。岩体间相互滑移出现不整合空间、岩体结构翻转抬升的空间及岩体碎裂时形成的裂隙空间,这些裂隙空间是岩体扩容继而出现大变形特征的重要原因。在高应力作用下,破碎岩块滑移面间的粗糙结构被急剧消耗,岩体滑移阻力趋于稳定,强采动成为破碎岩体流变速率的重要影响因素。

3.4 梯度应力诱导裂隙扩展规律

3.4.1 梯度应力作用下岩石变形破坏规律

深部巷道围岩受到开挖、采动等影响,会在不同区域受到侧向卸荷、竖向应力加载等作用，使得围岩应力场呈非均匀分布。沿着巷道径向，围岩受到呈梯度分布的切向应力作用(图3-31)，发生变形破坏。因此，研究岩石在梯度应力作用下的裂隙扩展规律对于巷道围岩控制具有重要作用。

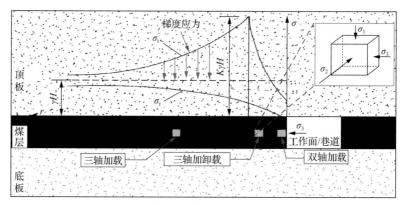

图3-31 井下巷道围岩的梯度应力状态

自主研发梯度应力加载试验系统[图3-32(a)]，通过6块可独立控制加载的条形加载块，可对150mm×150mm×150mm试样的一个加载面是实现6种不同的应力加载[图3-32(b)]，从而模拟巷道围岩受到的梯度应力状态，并研究围岩在梯度应力作用下的裂隙扩展规律及机理。

煤与顶底板砂岩、泥岩的变形特性参数差异较大，但是二者都是巷道围岩变形的重要组成部分。因此，试验分别采用煤和水泥试样模拟巷道软岩和硬岩在梯度应力作用下的裂隙扩展规律。采用国际岩石力学学会建议的方法，分别测定水泥砂浆与煤试样的力学性能参数，如表3-7和表3-8所示。

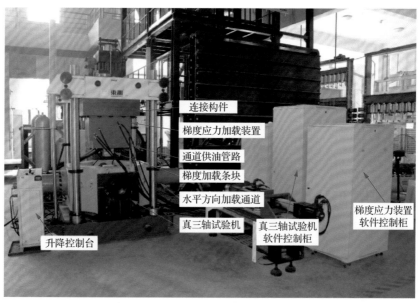

(a) 梯度应力加载试验系统

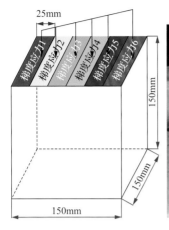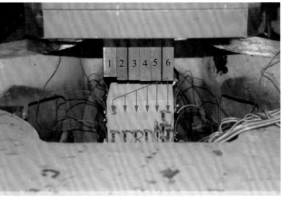

(b) 梯度应力加载模拟方式

图 3-32　梯度应力加载试验系统及模拟方式

表 3-7　水泥砂浆试样的力学参数

单轴抗压强度 σ_c /MPa	弹性模量 E/GPa	抗拉强度 σ_t /MPa	泊松比 ν	黏聚力 C/MPa	内摩擦角 φ /(°)
12.83	0.74	1.41	0.19	3.02	34.7

表 3-8　原煤试样的力学参数

单轴抗压强度/MPa	抗拉强度/MPa	黏聚力 C/MPa	内摩擦角 φ/(°)	弹性模量/GPa	泊松比
10.08	1.63	4.57	35.21	2.83	0.198

由于巷道围岩在开挖等扰动下形成非均值的空间结构，因此造成了围岩内部应力场的非均匀梯度分布。在围岩破坏前，可近似认为巷道围岩中应力的梯度保持不变；随着应力整体升高，围岩最终被破坏。基于前述过程，试验中对梯度应力的加载方式如下：将试样表面的应力加载面分为 6 个区域，先以一个较小的目标应力值进行加载，使得各区域的应力加载值达到设计的应力梯度；然后各应力加载区域的应力同步增长，使得试样在应力水平升高后发生破坏。典型的梯度应力加载曲线如图 3-33 所示。

岩石材料在应力作用下经历压密、弹性变形、塑性变形和破坏等过程，在梯度应力作用下，岩石各区域的应变不均，使应变呈梯度变化，造成结构性畸变。为了监测岩石在梯度应力作用下的应变变化特征，在岩石表面设置应变片，监测岩石在应力加载方向与垂直于应力加载方向的轴向应变和侧向应变，反映岩石在梯度应力作用下的应变分布规律。应变片的布置如图 3-34 所示。

岩石在轴向压应力作用下形成两种典型的应变(图 3-34)，即岩石在轴向压应力作用下受压形成的轴向压应变，以及岩石在轴向压应力作用下由于泊松效应形成的侧向应变。

试验岩样沿应力梯度变化方向的各区域轴向压应变分布如图 3-35 所示，岩石不同区域的轴向压应变变化趋势与应力水平变化趋势基本吻合，在高应力区域的岩石轴向应变远大于其他区域，并且在应力水平较低的区域岩石轴向应变趋于相等。

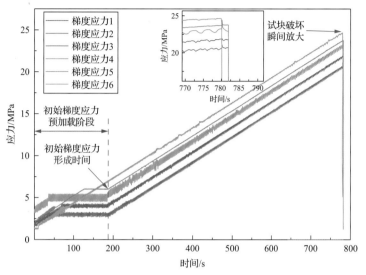

图 3-33　梯度应力加载曲线

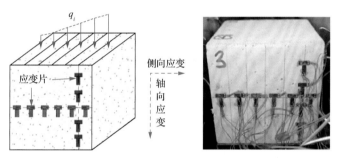

图 3-34　梯度应力作用下的试样表面应变片布置

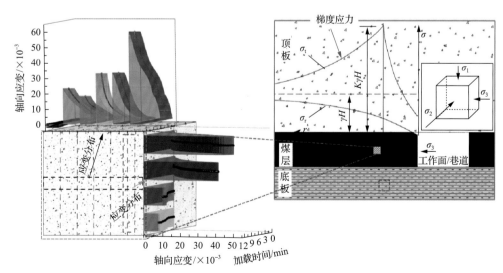

图 3-35　试验岩样沿应力梯度变化方向的各区域轴向应变分布

岩石在应力加载方向的轴向压应变也随着远离高应力区而趋于相等(图 3-35)，出现这种现象的原因正如圣维南原理所述：岩石内部应力调整，在远场区域趋于平衡。但是，这也说明了高应力区域岩石的应变绝对值较大且与其他区域岩石应变的差异大，将使得高应力区岩石首先发生材料性破坏的可能性增加，并且由于不同应力区之间的岩石的应变不协调而形成结构性畸变，可能成为梯度应力下围岩破坏的另外一种形式。岩石在梯度应力作用下的轴向应变分布规律表明：巷道围岩高应力区应变远高于其他区域的应变，高应力区岩石破坏倾向性更明显，这也解释了巷道近表围岩破坏剧烈的原因。

试验岩样在梯度应力作用下的侧向应变分布如图 3-36 所示。岩石侧向应变的形成主要是由于泊松效应，岩石在压应力下产生侧向膨胀，而在拉应力下发生侧向收缩。梯度应力作用下岩石的横向应变监测数据显示，岩石高应力区的侧向应变最大，并且岩石的侧向应变在应力加载的纵深方向减弱。岩石侧向应变的分布规律解释了巷道近表围岩的膨胀特性显著的原因。同时，在试验的梯度应力条件下，低应力区的岩石侧向应变负向增长，岩石出现了侧向收缩变形的特征。岩石在梯度应力作用下的不同区域反向侧向变形易诱导岩石内部形成拉伸裂隙。

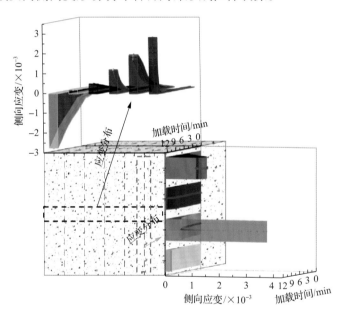

图 3-36　试验岩样在梯度应力作用下的侧向应变分布

岩石在梯度应力作用下，应力水平不同的区域间应变不协调，即岩石内部的结构性畸变。其中，在高应力区应变最大且畸应变程度最高，是岩石优先破坏的区域。梯度应力下的岩石破坏试验结果表明，岩石高应力区优先形成剪切破坏(图 3-37)。但是，与均匀应力下的剪切破坏[图 3-37(a)]不同，梯度应力下的岩石的剪切破坏面[图 3-37(b)]更加局部性地集中在高应力区，且在应力加载的纵深方向延伸距离更小。

(a) 均匀应力的破坏面　　　　　　(b) 梯度应力下的破坏面

图 3-37　均匀应力和梯度应力下的破坏面

3.4.2　梯度应力作用下岩石变形破坏机制

巷道围岩应力集中，应力梯度大，为了便于分析巷道围岩在梯度应力下的裂隙形成机制，取围岩中单位体积的岩石，简化为梯度应力作用下的多条块模型[图 3-38(a)]，并近似认为一个条块承受的应力均匀，从而在不同条块间形成应力梯度来模拟岩石所处的梯度应力环境。其中，一单元条块的总线应变可分解为岩石受压形成的轴向压应变和由于泊松效应形成的侧向应变[图 3-38(a)]，其矢量合成如下：

$$\vec{\varepsilon}_{线} = \vec{\varepsilon}_{压} + \vec{\varepsilon}_{侧} \tag{3-5}$$

式中，$\vec{\varepsilon}_{压}$ 为轴向压应变张量；$\vec{\varepsilon}_{侧}$ 为受压岩石由于泊松效应形成的侧向应变张量；$\vec{\varepsilon}_{线}$ 为岩石内部线应变张量。

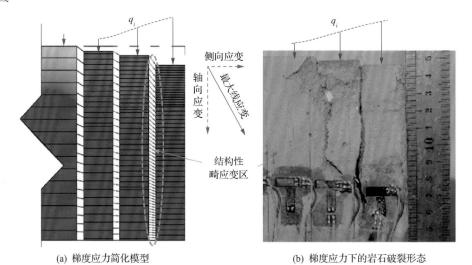

(a) 梯度应力简化模型　　　　　　(b) 梯度应力下的岩石破裂形态

图 3-38　梯度应力岩石破坏特征及内部裂隙发育

不同条块由于承受的应力不同，因此压缩变形量有差异。相邻条块间的差异应

· 78 ·

变主要分为两部分：不同条块轴向差异变形引起的轴向差异应变和同一条块不同应力加载纵深方向的侧向差异应变。这两种差异应变都属于岩石内部变形不协调形成的畸变[图 3-38(b)]。

1）轴向差异应变

某单位长度的条块 m 原长是 s，压缩量是 μ，则其平均压缩线应变可表示为

$$\varepsilon = \frac{\mu}{s} \tag{3-6}$$

对于相邻但是应力不同的两单位条块 m_1、m_2，对应的轴向压缩量为 μ_1、μ_2 且 $\mu_1 < \mu_2$，则对应的相对轴向压缩量为

$$\Delta\mu = \mu_2 - \mu_1 \tag{3-7}$$

其相对轴向差异应变 $\Delta\varepsilon$ 的计算公式为

$$\Delta\varepsilon = \frac{\Delta\mu}{s - \mu_1} = \frac{\varepsilon_2 - \varepsilon_1}{1 - \varepsilon_1} \tag{3-8}$$

式中，ε_1、ε_2 为不同的两单位条块 m_1、m_2 的轴向压应变，且 $\varepsilon_1 < \varepsilon_2$。

基于虎克定律，相对轴向差异应变 $\Delta\varepsilon$ 与应力梯度及应力水平的关系可表示为

$$\Delta\varepsilon = \frac{\sigma_2 - \sigma_1}{E - \sigma_1} = \frac{\Delta\sigma}{E - \sigma_1} \tag{3-9}$$

式中，σ_1、σ_2 为两相邻单位条块 m_1、m_2 所承载的应力；E 为单位条块的弹性模量；$\Delta\sigma$ 为单元条块间的应力梯度。

2）侧向差异应变

同一单元条块不同区域的相对侧向差异应变可表示为

$$\Delta\varepsilon' = \frac{\nu(\varepsilon_{1\text{-}2} - \varepsilon_{1\text{-}1})}{1 + \nu\varepsilon_{1\text{-}1}} \tag{3-10}$$

$$\Delta\varepsilon' = \frac{\nu(\sigma_{1\text{-}2} - \sigma_{1\text{-}1})}{E + \nu\sigma_{1\text{-}1}} = \frac{\nu\Delta\sigma_{1\text{-}2}}{E + \nu\sigma_{1\text{-}1}} \tag{3-11}$$

式中，ν 为泊松比；$\varepsilon_{1\text{-}2}$、$\varepsilon_{1\text{-}1}$ 为同一条块不同区域的轴向压应变，且 $\varepsilon_{1\text{-}2} > \varepsilon_{1\text{-}1}$；$\sigma_{1\text{-}1}$、$\sigma_{1\text{-}2}$ 为同一条块不同区域的轴向压应力，$\sigma_{1\text{-}1}$ 与 $\sigma_{1\text{-}2}$ 间的差异主要是由于圣维南原理造成的；$\Delta\sigma_{1\text{-}2}$ 为同一单元条块不同区域间的压应力梯度。

由上述内容可以看出，应力梯度及压应力水平都对差异应变具有较大影响。当应力梯度相同时，对于同向的压缩应变，应力水平越高，差异应变越大。差异应变在承受梯度应力的岩石中形成结构性畸应变区，从而造成不同岩石分区破裂(图 3-38)。

为了进一步验证梯度应力作用下岩石由于差异应变产生变形破坏的机理，在试

验中，通过实测的轴向差异应变与裂缝的扩展关系进行说明。图 3-39(a)是基于实测轴向应变及式(3-6)计算的轴向差异应变分布。由图 3-39(a)可以看出，在应力水平较高的条块 5 和条块 6 间，轴向差异应变较大，并且条块 5 和条块 6 也是发生分区破裂的位置[图 3-37(b)]，且破裂位置正好处于结构性畸应变区。这说明了梯度应力作用下，轴向差异应变对岩石裂隙发育具有引导性作用。同时，轴向差异应变在加载过程中变化[图 3-39(b)]，可以看出条块 5-条块 6、条块 1-条块 2 两组条块间的应变差异都比较大，但是二者形成轴向差异应变的机理不同：条块 5-条块 6 是由于压缩变形差异，而条块 1-条块 2 是由于张拉变形与压缩变形差异。最终岩石分区破裂的位置发生在差异应变较大，且应力水平较高的区域，这表明轴向差异应变能较好地反映岩石内部的畸变，并且应力水平与差异应变大小对岩石破裂具有更显著的影响。

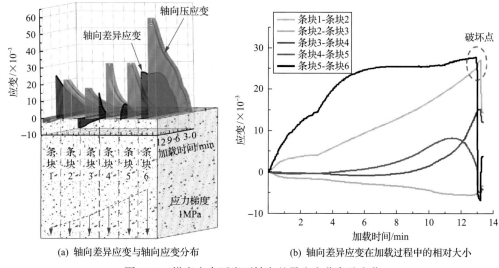

(a) 轴向差异应变与轴向应变分布　　　　　(b) 轴向差异应变在加载过程中的相对大小

图 3-39　梯度应力下岩石轴向差异应变分布及变化

图 3-40 是具有不同轴向差异应变分布的岩石在不同位置产生的裂隙。由图 3-40(a)和(b)可以看出，岩石在梯度应力作用下，均在差异应变最大的位置首先形成裂缝；如果多个位置的差异应变先后增长到最大值，则在相应的位置也形成裂缝，如图 3-40(c)所示。另外，在梯度应力作用下，位于应力水平较低的区域裂缝显现较不明显，而在应力水平较高的区域，裂缝显现区出现了剧烈的破坏[图 3-40(c)]，这可能与发生破坏时岩石内部的弹性应变能有关。

　　综上，梯度应力诱导岩石裂隙扩展的机制可以总结为：由于应变与应力成正比，梯度应力作用和岩石内部应力调整(圣维南原理)的双重作用造成岩石各区域应变呈非均匀变化(图 3-35、图 3-36)，岩石内部的线应变也呈非均匀变化，从而形成了结构性畸应变区(图 3-38)。在梯度应力作用下，岩石沿应力梯度方向的轴向压应变不同，造成应变不协调，压应力不同的岩石单元间形成差异应变(图 3-39)。随着差异应变增长到岩石承载的极限，岩石在差异应变最大的地方发生分区破坏(图 3-40)。岩石

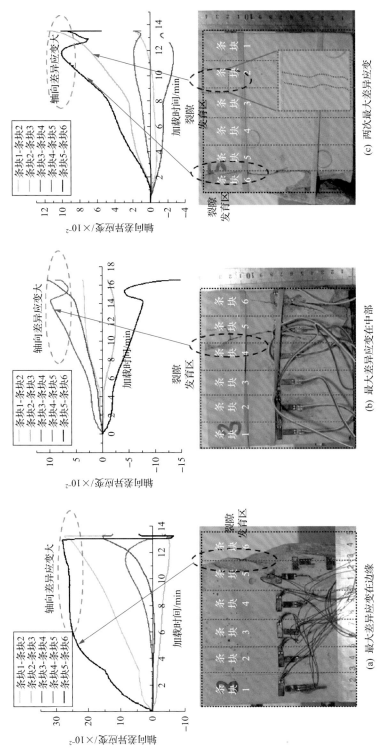

图3-40　具有不同轴向差异应变分布的岩石在不同位置产生的裂隙

由于分区破坏形成岩石结构，最终岩石结构由于承载能力下降发生剪断[图3-38(b)]，导致岩石承载结构失稳。

3.4.3 梯度应力下岩石变形破坏的影响因素分析

在工程实际中，由于沉积环境、构造应力环境等复杂因素作用，不同的煤岩体变形承载性能不同，巷道开挖及回采导致不同区域岩体中的应力集中系数也不同；另外，受开挖、回采等扰动影响，加载于岩体的梯度应力呈非线性分布，从而使得岩石承载的应力梯度有差异。

差异应变是梯度应力下岩石裂隙扩展的诱导因素，由式(3-7)可知，差异应变的绝对值受到应力梯度与实际的轴向应力双重影响。图3-41是不同的应力梯度与轴向应力组合下的差异应变变化由图3-41可以看出，在低应力水平下，只有当应力梯度非常大时，差异应变才可达到可能破坏的阈值；但是在较高的应力水平下，达到破坏阈值差异应变所需的应力梯度较小。也就是说，应力梯度总体上对岩石破坏的影响大于应力水平。但是，在实际的巷道工程及采煤工作面处，应力水平较高的区域通常也是应力梯度较大的区域，即高应力区的岩石差异应变值远高于其他区域，更易发生破坏。

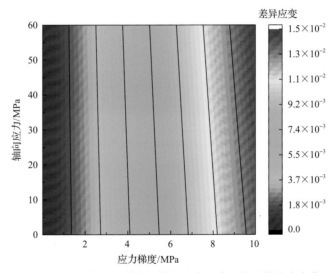

图 3-41　不同的应力梯度与轴向应力组合下的差异应变变化

图3-42是岩石在不同应力梯度下受压破坏的表面裂纹形态。由图3-42可以看出，在低应力水平时，岩石在应力集中程度较高的局部区域发生斜剪破坏；随着应力梯度增加，裂缝趋于竖直，并且裂缝的延伸深度也有所增加。

之所以出现这种现象，是因为在高应力梯度条件下，差异应变显著提高(图3-41)，当岩石的应变水平达到岩石材料的应变极限时，差异应变分布的结构性畸应变区成为裂纹扩展的首选区域。图3-42中，随着应力梯度增加，差异应变对裂缝扩展的控制作用增强，因此使得裂缝朝着轴向应力加载的方向倾斜。

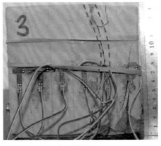

(a) 应力梯度=1MPa   (b) 应力梯度=2MPa   (c) 应力梯度=3MPa

图 3-42 不同应力梯度下岩石破坏后的表面裂纹形态

巷道围岩中的梯度应力沿径向呈先增加后减小的分布形式(图 3-31),因此在部分巷道围岩的高应力区可能位于围岩中部,这种应力分布与工程实际相符。梯度应力的不同分布形式对岩石变形破坏也有影响。

为与前述围岩应力呈单向增减的分布形式相区别,设定岩石梯度应力分布为中间高、两侧低[图 3-43(a)]。在此种高应力区位于中部的梯度应力作用下,岩石除了由于差异应变形成的轴向裂缝外,还在侧面中部区域形成对称的竖向裂缝[图 3-43(b)]。这种现象说明在岩石侧向约束作用下,岩石压缩变形量整体较大,结构性畸变区延伸较远。同时,在高应力区的岩石除了受到梯度应力作用形成轴向裂缝外,其由于泊松效应形成的侧向变形量受到围岩的紧密约束,也会对围岩产生破坏。这种现象在巷道围岩中表现为巷道径向较深处的高应力围岩在变形破坏过程中造成巷道近表围岩挤胀破坏。

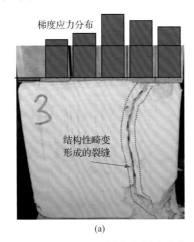
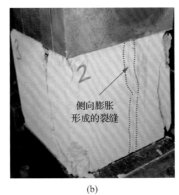

(a)   (b)

图 3-43 不同应力梯度分布下岩石破坏后的表面裂纹形态

煤矿采煤工作面回采会对岩体结构造成扰动,不同的回采强度下回采扰动的密集程度也不同,从而使得巷道围岩受到的应力升高速率不同。因此,受梯度应力作用的岩石在不同应力加载速率下变形破坏规律对巷道围岩控制具有重要影响。分别按 0.05MPa/s、0.1MPa/s 的加载速率对具有相同初始梯度应力值的岩石进行加载,直到岩石破坏。由图 3-44 可以看出,在低加载速率下岩石破坏后具有密集的裂缝面,形成较多碎块，裂缝在应力加载方向扩展较长；但是当加载速率提高后，岩石破坏面单一，形成的碎块较少，裂缝较短且易向弱面偏转。岩石在裂缝的延伸长度和破坏面的数量与裂缝内部裂纹的发育有关，高加载速率下，应力达到岩石破坏的阈值所需时间较短，裂缝发育程度较低；但在低加载速率下，岩石内部裂缝充分发育，从而形成了体积较大的破坏面。在工程实际中，围岩受梯度应力作用，对于服务周期较长的巷道，其围岩内裂隙充分发育，承载力减小，变形量增大。

(a) 加载速率为0.05MPa/s (b) 加载速率为0.1MPa/s

图 3-44　不同应力加载速率下的岩石破坏形态

　　煤矿巷道在煤层或者岩层中掘进，煤与砂岩、泥岩等为代表的硬岩力学性质差异较大，因此岩性也是岩石在梯度应力作用下发生变形破坏的影响因素。

　　图 3-45 是煤体在梯度应力作用下的破坏形态。由图 3-45 可以看出，在相同作用力下，梯度应力使得煤体发生更强烈的剪胀，侧向变形明显增长。煤与以水泥砂浆为代表的硬岩相比，在梯度应力作用下煤体破碎体积更大，裂纹发育深度也普遍较深。出现这种现象的主要原因是煤体弹性模量和承载能力较低，相同应力水平下变形程度更高，破坏也更彻底。在巷道围岩控制中，煤体巷帮变形剧烈且变形量大，这与试验中观察到的现象是一致的。

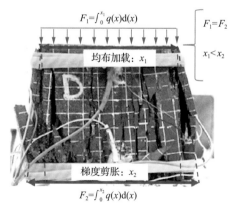

图 3-45　煤体在梯度应力作用下的破坏形态

3.5　深井巷道围岩位移场、裂隙场时空演化规律现场测试

3.5.1　现场测试方案

2017 年 11 月～2018 年 1 月在口孜东煤矿 121304 工作面机巷现场进行巷道围岩裂隙分布及内部变形规律测试，期间共派出 6 人，下井 64 人次，施工 16 个钻孔，直径 32mm，其中帮部安装 8 个 KDW-1 型多点位移计，如图 3-46 所示；顶板安装 6 个 KDW-2 型多点位移计，如图 3-47 所示；对 16 个钻孔进行窥视摄像，窥视仪器如图 3-48 所示。

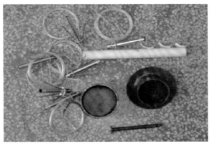

(a) 实物图　　　　　　　　　　　　(b) 现场安装图

图 3-46　KDW-1 型多点位移计

(a) 实物图　　　　　　　　　　　　(b) 现场安装图

图 3-47　KDW-2 型多点位移计

图 3-48　ZKXG30 矿用本安型钻孔轨迹检测装置

本方案具体测试内容如下：

(1)围岩裂隙发育规律：获取回采过程中巷道围岩体损伤及裂隙场分布和变化规律，以及围岩破裂区、塑性软化区和弹性区的分布特点及变化规律；

(2)巷道围岩内部移动变形规律：掌握巷道围岩内部受采动影响的移动变形规律，以及顶板岩层结构及其变化规律。

为了实现测试目的，结合口孜东煤矿121304工作面采动影响的程度，共设置2个测站，位置如图3-49所示。其中1号测站距当时的回采工作面70m，2号测站距当时的回采工作面150m。每个测站布置7个钻孔，布置方案如图3-50所示。根据测量需要，同时为了减少钻孔工程量，每个孔钻钻好后，先进行光学窥视，然后安装多点位移计。一个钻孔布置一个6基点位移计，钻孔深度与对应位置锚索深度相当，如图3-50所示。

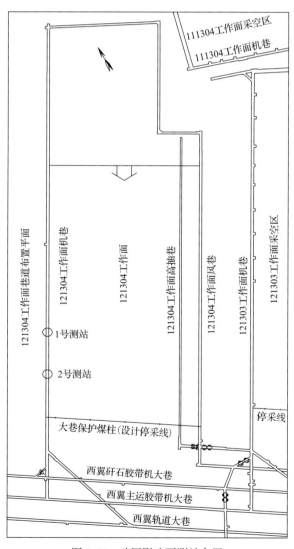

图3-49 动压影响下测站布置

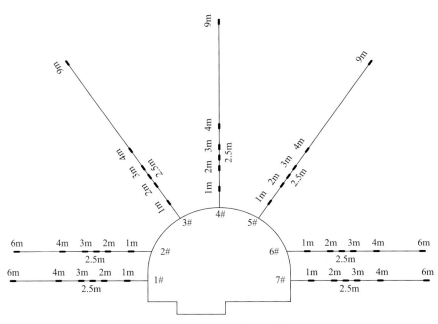

图 3-50 多点位移计与基点布置

3.5.2 围岩裂隙分布规律

下面根据各测站与工作面的相对位置关系，结合现场测试结果，分析动压影响下巷道围岩活动规律及裂隙分布规律[31-33]。钻孔窥视观测图像如图 3-51 所示，可知巷道顶板泥岩中存在着各种层理与环向裂隙、斜交裂隙、多种裂隙、离层和破碎。

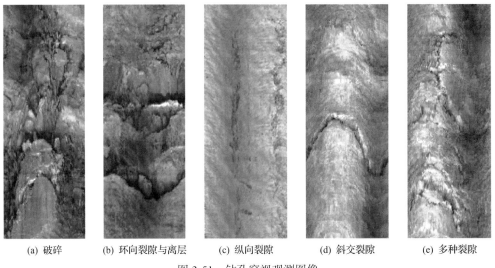

(a) 破碎   (b) 环向裂隙与离层   (c) 纵向裂隙   (d) 斜交裂隙   (e) 多种裂隙

图 3-51 钻孔窥视观测图像

通过对测站 7 个钻孔窥视成像结果进行分析，将每个钻孔内围岩破裂沿钻孔由孔口到孔底依次绘制在图上，将不同孔内破碎带用样条曲线连接起来，并采用碎石纹理填充，形成测站围岩不同深度的破裂区，各破裂区之间岩体较完整，如图 3-52 和图 3-53 所示。

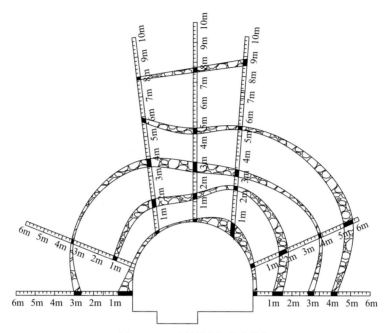

图 3-52　1#测站围岩裂隙分布

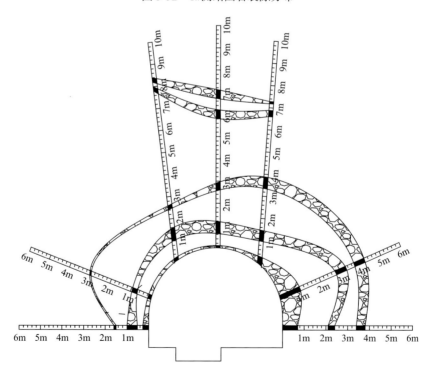

图 3-53　2#测站围岩裂隙分布

综合 1#和 2#测站的钻孔窥视观测结果，可以得到以下主要结论：

(1)巷道顶板围岩内部存在各种状态的裂隙，这些结构对巷道顶板的完整性产生显著影响。

(2)在锚杆支护范围内，巷道围岩存在拱部裂隙带和一条破碎带，在锚杆锚固范围外至锚索锚固范围内之间存在一条破碎带。受采动影响后，锚杆锚固范围外至锚索锚固范围内存在两条破碎带，这与监测到的巷道围岩内部 4.0～9.0m 范围内的位移都以剪胀变形为主的情况相符。

(3)1#测站所在巷道围岩裂隙带比 2#测站多，说明 121304 工作面机巷围岩裂隙带有一部分是由采动引起的。

3.5.3　围岩内部移动变形规律

图 3-54～图 3-56 为 2#测站围岩 3 个测站数据，分别位于巷道两帮中部和拱部中间位置。

测试期间，在巷道回采侧帮部经历了超前工作面的刷帮后，在原位置及时补充安装了多点位移计，保证了监测的连续性。综合分析 1#和 2#测站数据可知：

(1)巷道围岩的变形以帮部为主，帮部围岩剪胀变形量大于拱部，回采侧帮部剪胀量大于实体煤侧，这与观测到的回采侧围岩破碎带发育程度比实体煤侧高相符。

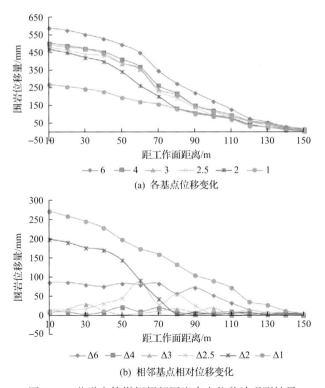

(a) 各基点位移变化

(b) 相邻基点相对位移变化

图 3-54　巷道实体煤侧帮部围岩多点位移计观测结果

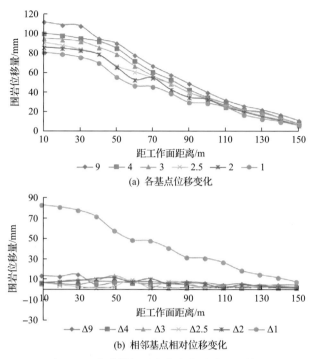

(a) 各基点位移变化

(b) 相邻基点相对位移变化

图 3-55　巷道拱部围岩多点位移计观测结果

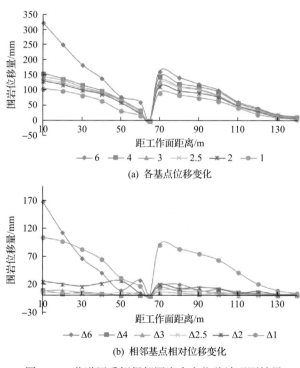

(a) 各基点位移变化

(b) 相邻基点相对位移变化

图 3-56　巷道回采侧帮部围岩多点位移计观测结果

(2)1#与 2#测站所在巷道围岩内部 4.0～9.0m 范围内的位移都以剪胀变形为主。2#测站所在围岩内部 0～2.0m 出现了拉伸变形与压缩变形交替出现的现象，这是与

1#测站不同的地方。

(3)1#与 2#测站所在巷道拱部围岩剪胀变形量基本保持一致，工作面推进对于巷道拱部的影响范围约为 90m。

3.6 深井强采动巷道锚杆全杆体轴力光纤光栅监测

3.6.1 全杆体轴力实时监测系统

全杆体轴力实时监测系统由矿用隔爆型光纤光栅信号处理器、光纤光栅测力锚杆、跳线、光栅接续盒及光缆等组成。

锚杆尺寸为 ϕ20mm×2400mm。沿锚杆杆体轴向开凹槽，基于上文模拟结果，槽型选择为梯形，上宽 3.5mm，下宽 2.5mm，深 2mm。全杆体共布置 10 个光栅，此处旨在监测锚固段及自由段两部分全杆体轴力。锚固段长度 700mm，自由段长度 1650mm，外露 50mm。光栅选择非均匀布置，锚固段及自由段各 5 个光栅，锚固段光栅间距为 150mm，位置分别为距锚固端尾部 50mm、200mm、350mm、500mm、650mm；自由段光栅间距为 300mm，位置分别为距锚固段尾部 800mm、1100mm、1400mm、1700mm、2000mm。封装完成后的光纤光栅测力锚杆如图 3-57 所示。

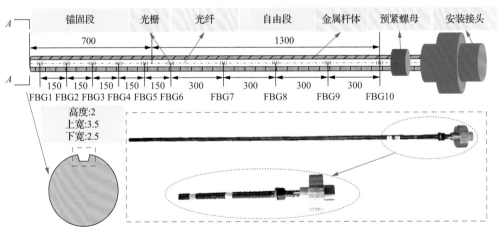

图 3-57 封装完成后的光纤光栅测力锚杆(单位：mm)

信号处理器外壳使用防爆壳体，内置 127V 矿用电源转换线路、光信号调解模块、显示模块、通道调解模块及光纤收发器等。锚杆杆体中安装的各个光栅反射特定的波长，当巷道围岩发生活动时，锚杆受轴力拉伸变形，植入杆体的光栅与杆体同步变形并以光波的形式在光纤中传输。实时监测系统通过分析处理光栅波长变化量的大小，解调推算出锚杆所受轴力的大小变化，实现锚杆轴力状态可视化[34-38]。监测系统整体结构如图 3-58 所示。

光纤光栅测力锚杆井下安装遵照普通锚杆支护安装施工工艺，使用 ϕ30mm 钻头打孔，孔深 2360mm，添加一根 MSK2370 树脂锚固剂，使用搅拌器将安装接头与锚杆钻机连接，升起锚杆至顶紧螺母及托盘贴紧煤壁后搅拌20~25s后停机，等待90s后完成二次紧固。锚杆安装完成后，打开安装接头后盖，连接跳线、光栅接续盒及处理器，通电开机，即可实现全杆体锚杆轴力实时监测。

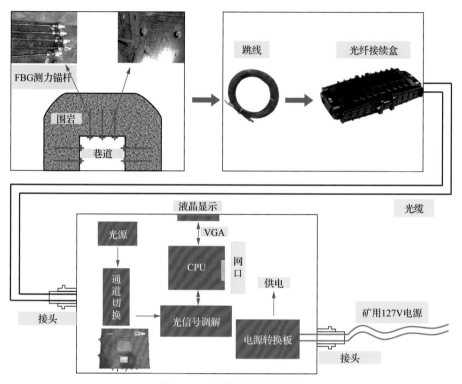

图3-58　监测系统整体结构

3.6.2　现场测试方案

　　工作面回采过程中，受采动应力影响，巷道围岩发生变形，锚杆受力产生变化，通过在巷道顶板及帮部安装光纤光栅测力锚杆，结合传感系统对锚杆轴力进行监测，从而掌握巷道围岩变化规律。

　　综合考虑工作面的开采情况、地质特征及生产计划，选取22301工作面风巷顶板相对平整地段布置光纤光栅测力锚杆，测站距离工作面停采线约20m，共布置2个测站、13根测力锚杆，测站相距1.5m，锚杆尺寸均为$\phi20mm\times2400mm$，锚固方式采用端部锚固，锚固长度70cm，共有5个光栅测点位于锚固段。光纤光栅锚杆布置安装方案及效果如图3-59所示。

　　测站1：采煤侧帮部(左侧)布置1#、2#测力锚杆，顶板布置5#、6#、9#测力锚杆，非采煤侧帮部(右侧)布置11#、12#测力锚杆。

　　测站2：采煤侧帮部(左侧)布置3#、4#测力锚杆，顶板布置7#、8#、10#测力锚杆，非采煤侧帮部(右侧)布置13#测力锚杆(非采煤侧帮下部)。

　　由于井下条件恶劣、工人安装不熟练等原因，安装过程中损坏10#锚杆(位于右侧顶板），所以在锚杆施工时须注意保护安装接头，防止锚杆钻机在高速搅拌过程中损坏锚杆。安装完成后，打开安装接头封盖，利用跳线及光缆连接监测系统。

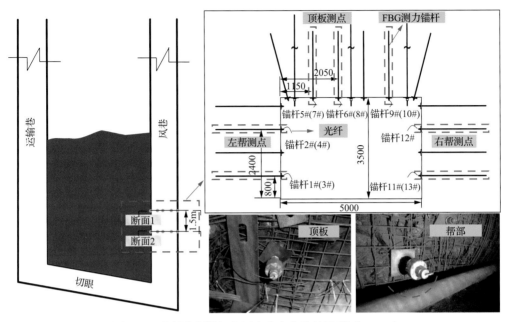

图 3-59　光纤光栅锚杆布置安装方案及效果（单位：mm）

3.6.3　锚杆轴力变化规律

1. 监测结果

巷道各测点安装完毕后，监测系统开始收集数据。从 2018 年 1 月 15 日开始监测，截至 2018 年 3 月 10 日，连续监测 55 天，工作面共推进 180m，得到两个测站、三个部位（采煤侧帮部、顶板、非采煤侧帮部）的锚杆轴力实时监测数据。通过对采集数据进行整理分析，得到锚杆轴力分布曲线，其可分为横向与纵向两类，横向对比各根锚杆受力状况，选取工作面回采全过程各锚杆同一位置（自锚固尾端 1100mm 处、第 7 通道）受力情况进行分析，结果如图 3-60(a)～(c)所示。

图 3-60(a)为采煤侧帮部测力锚杆轴力实时监测结果，1#、2#、3#锚杆整体变化趋势相近。其整体可分为 3 个区域：超前工作面 130m 以外为稳定区，超前工作面 55～135m 为轴力增长区，超前工作面 55m 以内为峰值区。随着工作面不断推进，超前工作面距离不断减小，1#锚杆压力逐渐增加，在超前工作面距离为 60m 时锚杆所受轴力急速增加，在超前工作面距离为 20m 时锚杆所受轴力达到峰值 72.5kN；2#锚杆受力较为平稳，当超前工作面距离为 58m 及 84m 时锚杆受力发生较大起伏，随后受力逐渐增加，直至超前工作面距离 28m 时达到峰值 91.8kN；3#锚杆受力趋势呈阶梯式上升，当超前工作面距离为 78m 时略有起伏，锚杆最大轴力为 59kN；4#锚杆受力数据传输收集较差，当超前工作面距离 150m 时锚杆受力急剧变化，稳定至

132m 时急剧下降，随后轻微波动至超前工作面 60m 后无数据收集。

图 3-60(b)为顶板测力锚杆轴力实时监测结果，锚杆整体变化趋势基本相同。其整体可分为 3 个区域：超前工作面 130m 以外为稳定区，超前工作面 30～130m 距离内为轴力增长区，超前工作面 30m 以内为峰值区。随着工作面不断推进，超前工作面距离不断减小，锚杆受力逐渐增加，5#锚杆轴力在超前工作面 14m 时达到峰值 68.9kN；6#锚杆轴力在超前工作面 14m 时达到峰值 83.3kN；7#锚杆轴力在超前工作面 23m 时达到峰值 76.3kN；8#锚杆轴力在超前工作面 20m 内轴力波动较大，在超前工作面 18m 时达到峰值 89.7kN；9#锚杆随着超前工作面距离不断减小锚杆受力逐渐增加，在超前工作面距离 61m 时受力波动，直至超前工作面距离 29m 时达到峰值 54.6kN。

由图 3-60(c)可得，随着工作面不断推进，超前工作面距离不断减小，11#、12#、13# 3 根锚杆受力变化趋势有所重合。同样将曲线分为 3 个区域，超前工作面 140m 以外为稳定区，超前工作面 68～140m 为轴力增长区，超前工作面 68m 以内为扩刷区。11#锚杆受力前期基本不变，后缓慢增加，在超前工作面距离 73m 时受力降为 0，之后无数据收集；12#、13#锚杆受力前期均缓慢增长，12#锚杆在超前工作面 102m 左右开始快速增加，13#锚杆在超前工作面 110m 左右达到第一个峰值随后缓慢降低，两者在超前工作面距离 80m 时压力均急剧增加后断崖式下跌，之后无数据收集。

纵向为同一时间(超前工作面 38m)1#、2#、3#、5#、6#、7#、8#、9#锚杆(4#、10#、11#、12#、13#锚杆在安装或扩刷施工过程中损坏)自身杆体不同位置受力状况，结果如图 3-60(d)所示。由图 3-60(d)可得，通过对光栅光纤测力锚杆全杆体进行受力监测，选取每根锚杆 10 个通道轴力数据进行分析对比，其轴力变化曲线可分为两部分，即锚固段及自由段。自锚固尾端向外延伸，测力锚杆锚固段杆体轴力呈近似线性增加趋势，锚杆轴力峰值集中在杆体自由段，且自由段锚杆轴力基本一致，各锚杆自由段轴力分别约为 1#——68kN、2#——87kN、3#——51kN、5#——86kN、6#——53kN、7#——62kN、8#——80kN、9#——60kN。

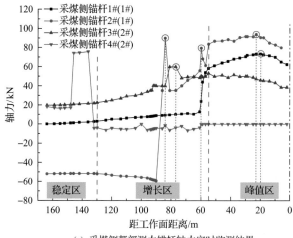

(a) 采煤侧帮部测力锚杆轴力实时监测结果

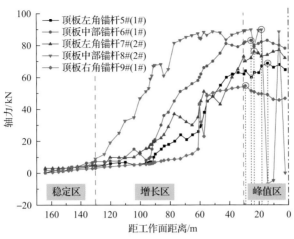

(b) 顶板测力锚杆轴力实时监测结果

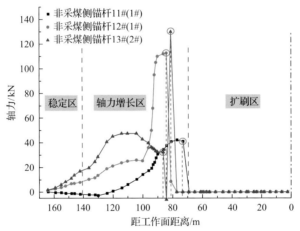

(c) 非采煤侧帮部测力锚杆轴力实时监测结果

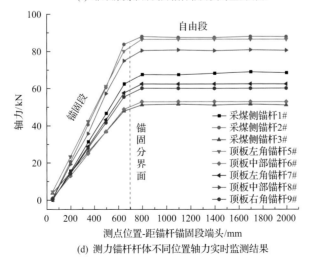

(d) 测力锚杆杆体不同位置轴力实时监测结果

图 3-60　采动影响下光纤光栅测力锚杆轴力实时监测结果

2. 偏应力与梯度应力作用下杆体轴力横向分布规律

由上述两个断面内测力锚杆轴力变化曲线可得，光纤光栅测力锚杆轴力呈现波动变化的特征，主要表现为整体波动较大，这与深井巷道工作面回采矿压显现剧烈、采场易失稳等具有明显的相关性[39, 40]。随着工作面的回采，巷道高位坚硬顶板发生O-X 形破断，造成大结构运动，岩层垮落并伴随着翻转，释放大量能量，在煤壁前方及侧方形成超前支承压力与侧向支承压力，如图 3-61 所示。另外，深井巷道变形速度快，围岩变形范围大，巷道持续变形及流变的特征与浅埋巷道相比更加明显，基本顶垮落、煤壁及采空区上方的冒落带不断前移，同时带动着支承压力影响区域的不断前移，因此将巷道两帮及顶板锚杆轴力分布曲线可分为 3 个区域，即稳定区、增长区、峰值区（扩刷区），如图 3-61 中的 Ⅱ、Ⅲ、Ⅳ位置所示，这与工作面回采过程中超前支承压力分布规律基本相符。深井强采动巷道在高地应力及采动应力叠加影响下，巷道围岩常常表现出长时间大变形形式，巷道来压、岩爆等的发生次数及强度均会增加，因此测力锚杆轴力多次出现急剧增加后急剧降低的现象。

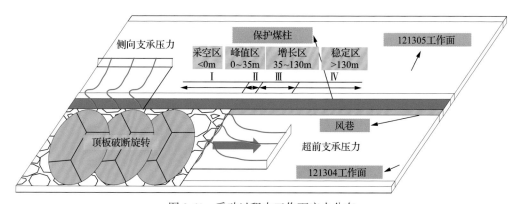

图 3-61 采动过程中工作面应力分布

由图 3-60(a)～(c)可得，当测力锚杆距离工作面 130m 左右范围内时，其轴力开始逐渐增加，表明此时已经进入工作面超前支承压力影响区域；同时，巷道在开挖和强采动作用下会形成不同方向的加卸荷效应，造成巷道围岩内部偏应力及应力梯度增高，导致监测数据中锚杆轴力局部出现负值，表明此处锚杆段在该时间内并非仅仅承受拉伸作用，其同时承担剪力，导致锚杆发生弯曲。在不断的来压及加卸荷作用下，巷道围岩应力不断变化，锚杆轴力不断波动。两帮及顶板光纤光栅测力锚杆最大轴力基本集中在超前工作面 25～35m 范围内，说明该范围为工作面超前支承压力较高区域；工作面接近回采完成，即测站距离工作面 20m 范围内时，围岩松动圈增大，松动圈内破碎岩体不断发生碎胀扩容，且围岩内部应力随着变形增大开始卸压，锚杆轴力出现一定降低且波动变化；工作面回采推进导致岩层产生破裂面，岩体沿破裂面不断滑移，并且伴随着旋转、滑动等变形形式，导致锚杆发生破断，或因工人施工损坏光纤，故出现部分锚杆轴力监测无数据现象。非回采侧帮部锚杆在超前工作面距离 68m 左右时无数据主要是因为工作面超前支护需扩刷非回采侧，导致锚杆损坏，具体示意如图 3-62(a)所示。

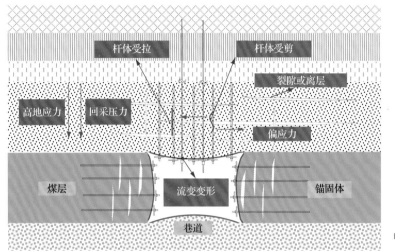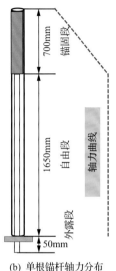

(a) 采动影响过程中杆体周围应力分布　　　　(b) 单根锚杆轴力分布

图 3-62　采动过程对杆体周围应力及轴力的影响

3. 偏应力与梯度应力作用下端头锚固下杆体轴力纵向分布规律

锚杆锚固安装方式为端头锚固，其只有锚杆端头通过锚固剂与围岩接触，故轴力分布规律可分为锚固段与自由段两部分。由于锚固段杆体由锚固剂包裹，锚固段尾端轴向应变接近零，因此该处锚杆轴力接近零。自锚固尾端向外露端头延伸，锚固段轴力变化呈近似线性增加趋势。自由段由于锚杆与钻孔之间存在空隙，且锚固范围内任何部位岩层的变形离层被均匀地分散到整个杆体的长度上，因此应变及轴力沿锚杆自由段长度方向基本相同，如图 3-62(b)所示。假设小于锚杆最大轴力的 1/4 为低应力区，大于锚杆最大轴力的 3/4 为高应力区(减去外露长度)，根据图 3-60(d)，各根测力锚杆低应力区平均长度为 212.5mm，占比为 9.04%；高应力区平均长度为 2137.5mm，占比为 90.96%，承载范围较大，能够很好地将预应力传递至锚固体内，减少预应力损失，更好地承载深部围岩。

现场巷道变形实测数据表明，顶底板及两帮在距离工作面 135m 时变形开始缓慢增加，距离工作面 67m 时顶底板及两帮变形速度明显增加，在工作面前方 18～35m 范围内巷道变形急剧增加，与锚杆轴力监测数据基本吻合。由此可以看出，整体变化过程能够有效地反映深井强采动工作面回采过程中矿压显现规律，表明了基于光纤光栅传感技术的锚杆全杆体轴力实时监测系统在煤矿巷道矿压监测中应用的可行性，可有效提升矿压数据收集的时效性及准确性。

参 考 文 献

[1] Zhai S B, Su G S, Yin S D, et al. Rockburst characteristics of several hard brittle rocks: A true triaxial experimental study [J]. Journal of Rock Mechanics and Geotechnical Engineering, 2020, 12(2): 279-296.

[2] Xu H, Feng X T, Yang C X, et al. Influence of initial stresses and unloading rates on the deformation and failure mechanism of Jinping marble under true triaxial compression[J]. International Journal of Rock Mechanics and Mining Sciences, 2019, 117:90-104.

[3] Zhao X G, Cai M. Influence of plastic shear strain and confinement-dependent rock dilation on rock failure and displacement near an excavation boundary[J]. International Journal of Rock Mechanics and Mining Sciences, 2010, 47(5): 723-738.

[4] Mark S Diederichs. The 2003 Canadian Geotechnical colloquium: Mechanistic interpretation and practical application of damage and spalling prediction criteria for deep tunnelling [J]. Canadian Geotechnical Journal, 2007, 44(9): 1082-1116.

[5] Feng X T, Xu H, Qiu S L, et al. In situ observation of rock spalling in the deep tunnels of the China Jinping underground laboratory (2400m depth) [J]. Rock Mechanics and Rock Engineering, 2018(51):1193-1213.

[6] 张晓春, 缪协兴, 杨挺青. 冲击矿压的层裂板模型及实验研究[J]. 岩石力学与工程学报, 1999, 18(5): 497-502.

[7] Guo W Y, Yu F H, Qiu Y, et al. Experimental investigation of the mechanical behavior of layer-crack specimens under cyclic uniaxial compression[J]. Symmetry Basel, 2019, 11(4):465.

[8] Akdag S, Karakus M, Nguyen G, et al. Influence of specimen dimensions on bursting behaviour of rocks under true triaxial loading condition[C]// Proceedings of the Eighth International Conference on Deep and High Stress Mining, 2017.

[9] Hu X C, Su G S, Chen G Y, et al. Experiment on rockburst process of borehole and its acoustic emission characteristics [J]. Rock Mechanics and Rock Engineering, 2019, 52(3): 783-802.

[10] He M C, Ren F Q, Cheng C. Mechanism of strain burst by laboratory and numerical analysis [J]. Shock and Vibration, 2018(8940798): 1-15.

[11] Su G S, Jiang J Q, Zhai S B, et al. Influence of tunnel axis stress on strainburst: An experimental study [J]. Rock Mechanics and Rock Engineering, 2017, 50(6): 1551-1567.

[12] Su G S, Zhai S B, Jiang J Q, et al. Influence of radial stress gradient on strainbursts: An experimental study [J]. Rock Mechanics and Rock Engineering, 2017(50): 2659-2676.

[13] Shi L, Li X C. Analysis of end friction effect in true triaxial test[J]. Rock and Soil Mechanics, 2009, 30(4): 1159-1164.

[14] 张晓春, 缪协兴. 层状岩体中洞室围岩层裂及破坏的数值模拟研究[J]. 岩石力学与工程学报, 2002, 21(11): 1645-1650.

[15] Feng T, Pan C L. Lamination spallation buckling model for formation mechanism of rockburst [J]. The Chinese Journal of Nonferrous Metals, 2000, 10(2):287-290.

[16] Yun X Y, Hani S Mitri, Yang X L, et al. Experimental investigation into biaxial compressive strength of granite [J]. International Journal of Rock Mechanics & Mining Sciences, 2010, 47(2): 334-341.

[17] Sahouryeh E, Dyskin A V, Germanovich L N. Crack growth under biaxial compression [J]. Engineering Fracture Mechanics, 2002, 69(18): 2187-2198.

[18] Li X B, Ming T, Wu C Q, et al. Spalling strength of rock under different static pre-confining pressures [J]. International Journal of Impact Engineering, 2017(99): 69-74.

[19] Zhao H T, Ming T, Li X B, et al. Estimation of spalling strength of sandstone under different pre-confining pressure by experiment and numerical simulation[J]. International Journal of Impact Engineering, 2019(133): 103359.

[20] Mogi K. Effect of the intermediate principal stress on rock failure [J]. Journal of Geophysical research, 1967, 72(20): 5117-5131.

[21] 梁鹏, 张艳博, 田宝柱, 等. 巷道岩爆过程能量演化特征实验研究[J]. 岩石力学与工程学报, 2019, 38(4): 736-746.

[22] 左宇军, 李夕兵, 赵国彦. 洞室层裂屈曲岩爆的突变模型[J]. 中南大学学报(自然科学版), 2005, 36(2): 311-316.

[23] 黄弘读, 郑哲敏, 俞善炳, 等. 突然卸载下含气煤的层裂[J]. 煤炭学报, 1999, 24(2): 142-146.

[24] Li X B, Du K, Li D Y. True triaxial strength and failure modes of cubic rock specimens with unloading the minor principal stress [J]. Rock Mech Rock Eng, 2015(48): 2185-2196.

[25] Greaves G N, Greer A L, Lakes R S, et al. Poisson's ratio and modern materials[J]. Nature Materials, 2011, 10(11): 823-837.

[26] Chau K T. Young's modulus interpreted from compression tests with end friction [J]. Journal of Engineering Mechanics, 1997, 123(1):1-7.

[27] Roderic L. Compression of a block. University of Wisconsin[EB/OL]. [2021-02-20]. http://silver.neep.wisc.edu/~lakes/EMA611block.html, Accessed 12 April 2020.

[28] Timoshenko S P, Gere J M. Theory of Elastic Stability[M]. 2nd Edition. Singapore: McGraw-Hill Book Company, 1963.

[29] Gere J M, Timoshenko S P. Mechanics of Materials (Third SI edition)[M]. Heidelberg: Springer-Science+Business Media, B.V, UK, 1991.

[30] Jia J L, Yu F H, Tan Y L, et al. Experimental investigations on rheological properties of mudstone in kilometer-deep mine[J]. Advances in Civil Engineering, 2021: 6615379.

[31] 孙钧. 岩石流变力学及其工程应用研究的若干进展[J]. 岩石力学与工程学报, 2007, 26(6): 1081-1106.

[32] Kang H. Support technologies for deep and complex roadways in underground coal mines: A review[J]. International Journal of Coal Science & Technology, 2014, 1(3): 261-277.

[33] Smith J A, Ramandi H L, Zhang C, et al. Analysis of the influence of groundwater and the stress regime on bolt behaviour in underground coal mines[J]. International Journal of Coal Science & Technology, 2019, 6(2): 286-300.

[34] Xie Z, Zhang N, Feng X, et al. Investigation on the evolution and control of surrounding rock fracture under different supporting conditions in deep roadway during excavation period[J]. International Journal of Rock Mechanics and Mining Sciences, 2019, 123: 104122.

[35] Zuo J, Wang J, Jiang Y. Macro/meso failure behavior of surrounding rock in deep roadway and its control technology[J]. International Journal of Coal Science & Technology, 2019, 6(3): 301-319.

[36] 吴拥政. 锚杆杆体的受力状态及支护作用研究[D]. 北京: 煤炭科学研究总院, 2009.

[37] 高冲. 基于光纤传感的锚杆轴力监测研究[D]. 西安: 西安科技大学, 2010.

[38] 林传年, 刘泉声, 高玮. 光纤传感技术在锚杆轴力监测中的应用[J]. 岩土力学, 2008, 29(11): 3161-3164.

[39] 柴敬, 赵文华, 李毅, 等. 采场上覆岩层沉降变形的光纤检测实验[J]. 煤炭学报, 2013(1): 57-62.

[40] 方新秋, 梁敏富, 李爽, 等. 智能工作面多参量精准感知与安全决策关键技术[J]. 煤炭学报, 2020, 45(1): 493-508.

第 4 章

高地应力与强采动叠加作用下
岩体流变效应及大变形机理

4.1　岩石流变的晶格错动

4.1.1　岩石蠕变试验

蠕变试验的目的是研究所选岩石随时间变化的形变特征和不同加载条件下的蠕变行为。对于岩石试样的蠕变测试，本节使用矿业科学中心的岩石蠕变仪(图 4-1)。该设备由两个垂直杆和两个平板组成，下平板靠在两个刚性弹簧上，顶部平板可移动。加载装置在上平面与加载机构之间，由两个杆上的两个齿轮和顶部的螺旋式加载杆组成。采用位移传感器监测岩石试样在垂直方向的微变形。加载装置和位移通过电缆连接到设备门上的数据采集装置。数据采集装置采用电子显示系统显示载荷、单轴位移和时间。蠕变载荷是通过岩石蠕变仪(使用顶部旋转螺栓)手动施加的。岩石蠕变仪的整个组件装在一个柜中，其规格如表 4-1 所示。

(a) 整体　　　　　　　　　　　　(b) 细节

图 4-1　岩石蠕变仪

表 4-1　岩石蠕变仪的规格

参数	规格
最大加载能力/kN	150
位移测量范围/mm	25
变形精度/m	0.001
最大加载围压/MPa	1.0
连续测试时间/年	1

在岩石蠕变仪上，放置用 3D-XRM 扫描过的直径 20mm×40mm 的砂岩试样[图 4-2(a)]，对不同单轴压缩条件下的砂岩试样进行蠕变试验，蠕变曲线如图 4-3 所示。试样是通过取心和切割制成的。为了避免在试样的尖端和边缘产生载荷集中，用砂纸将边缘打磨光滑，并在试样的顶部和底部涂上润滑脂。根据 MTS 中相同尺寸试样的单轴抗压强度(uniaxial compressive strength, UCS)确定所施加的荷载，UCS

的平均值为 79.667MPa。砂岩试样蠕变加载参数如表 4-2 所示。

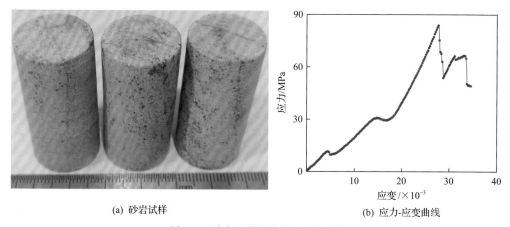

（a）砂岩试样 　　　　　　　　　　（b）应力-应变曲线

图 4-2　砂岩试样及应力-应变曲线

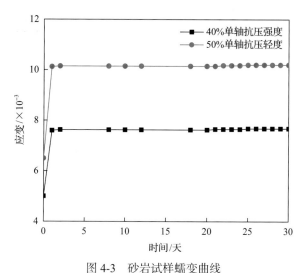

图 4-3　砂岩试样蠕变曲线

表 4-2　砂岩试样蠕变加载参数

试样	试样形态	试样尺寸	加载应力/MPa
1	圆柱形	$\phi20mm \times 40mm$	$\sigma_1=40\%\sigma_c=31.866$
2	圆柱形	$\phi20mm \times 40mm$	$\sigma_1=50\%\sigma_c=39.833$

为了研究试样的微观特征，需得到稳定蠕变阶段的完整试样，若试样达到加速蠕变阶段，试样将会突然破坏。当施加所需载荷时，应力保持恒定。每个试样加载 30 天，并定期监测垂直变形仪的位移。在变形保持不变的情况下，30 天后停止试验，将试样送至 3D-XRM 实验室再次扫描。砂岩试样的蠕变曲线如图 4-3 所示，该曲线显示了砂岩试样的瞬时和稳定蠕变行为。岩石蠕变试验结束后的 3D-XRM 扫描试样如图 4-4 所示。由图 4-4 可知，40%单轴抗压强度 30 天蠕变后没有破坏，而 50%时

砂岩被破坏形成了一条裂缝，故应力越大，砂岩越易产生变形破坏。

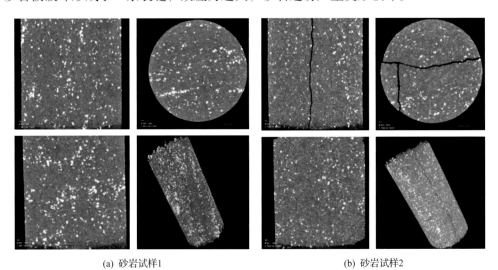

(a) 砂岩试样1　　　　　　　　　　　(b) 砂岩试样2

图 4-4　岩石蠕变试验结束后的 3D-XRM 扫描试样

4.1.2　岩石小尺寸试样长时蠕变仪的研制

由于现有岩石蠕变试验设备长时加载时存在小直径的试样过早破坏和损伤等问题，著者因此自行设计并生产了小尺寸岩石长时蠕变仪(图 4-5)。该设备应力施加较弹簧稳定，应变便于测量，试样的位置如图 4-5 所示。位移传感器安装在顶部移动平台上，用于监测试样在蠕变过程中的微变形。砂岩试样参数如表 4-3 所示，蠕变曲线如图 4-6 所示，蠕变前后砂岩表面 SEM 扫描的微裂缝发育形态如图 4-7 所示。

图 4-5　小尺寸岩石长时蠕变仪

表 4-3　砂岩试样参数

试样	试样形态	试样尺寸	加载应力/MPa
3	圆柱形	ϕ10mm ×20mm	σ_1=40%σ_c=31.46
4	圆柱形	ϕ10mm ×20mm	σ_1=70%σ_c=55.05

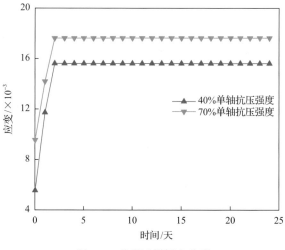

图 4-6 砂岩试样蠕变曲线

由图 4-7 可知，小尺寸砂岩蠕变前，砂岩表面存在较多孔隙，裂隙较少，且形态较为单一；小尺寸砂岩蠕变后，砂岩表面形成多裂缝体系，表现为层状断裂、片状破裂、分支裂缝、多簇分支裂缝等，将砂岩分割成不同大小的块体。试样 4 较试

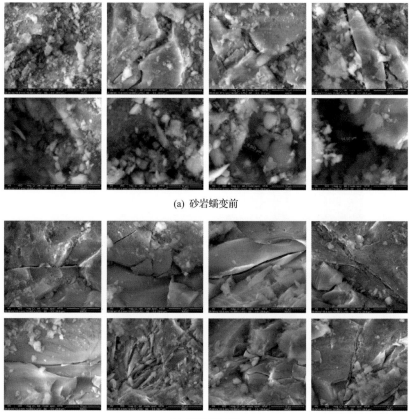

(a) 砂岩蠕变前

(b) 试样3蠕变后

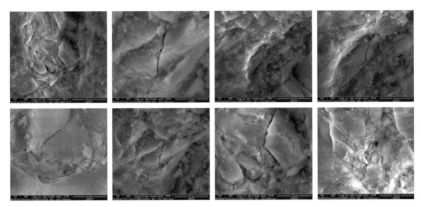

(c) 试样4蠕变后

图 4-7　蠕变前后砂岩表面 SEM 扫描的微裂缝发育形态

样 3 破坏更严重，在试样表面形成较大的破裂空隙，可达 18μm，空隙内还有许多微小颗粒，砂岩表面有鼓胀现象，表面蠕变致使砂岩表面产生泊松效应，从而形成层状破坏模式。

4.1.3　砂岩长时蠕变晶格错动

为研究砂岩试样在蠕变作用下的晶格错动，需先分析砂岩矿物组分，将粉状砂岩进行 XRD 扫描，结果如图 4-8 所示，表明所选砂岩试样中矿物的主要成分是石英。

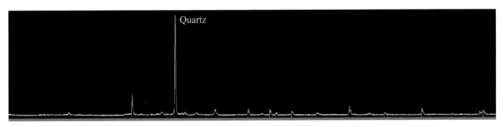

图 4-8　XRD 分析

TEM（Transmission Electron Microscope，透射电子显微镜）采用高发射电流 Schotty 场发射电子枪，所拍摄的图像具有高亮度、高分辨率和高稳定性的特点，在材料形态、晶体结构、化学成分、界面结构、表面分析、生物细胞和晶体缺陷探查等领域有重要作用。TEM 试样中的伪影很常见，这是由于研磨过程中原始材料的形状发生了改变。例如，在离子研磨过程中可能会引入表面氧化物薄膜，并且如果移除基板，薄膜的应变状态可能会改变。大多数人工制品可以通过恰当的准备技术最小化伪影，或者通过系统识别使其从真实信息中分离出来。

TEM 试样要求是必须存储在封闭容器中的单粉末无机成分非磁性粒子，其尺寸需小于 1μm。制备时，先将试样破碎研磨成粉末状颗粒，并用 1μm 筛网筛分；接着将粉末状颗粒试样分散在 3～5mL 的蒸馏水或无水乙醇中；最后采用超声分散，通过振动将颗粒均匀分散在溶液中（振动时间一般小于 20min），如图 4-9 所示。

(a) 破碎机

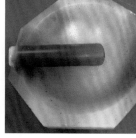
(b) 研磨器

(c) 粉末试样

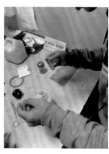
(d) 试样分散

图 4-9　TEM 试样制备

通过对长期加载试样的 TEM 扫描数据(图 4-10)进行傅里叶变换分析(表 4-4)和 ImageJ 软件的剖面图分析(表 4-5)，发现长期蠕变致使岩石存在晶格移动。岩石晶格移动大小为纳米级，随着单轴恒定载荷的增加而增加(图 4-11)。因此，晶格移动是岩石蠕变的细观机制。

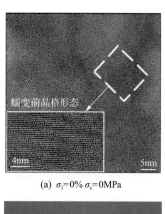
(a) σ_1=0% σ_c=0MPa

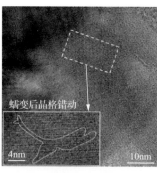
(b) σ_1=30% σ_c=31.46MPa

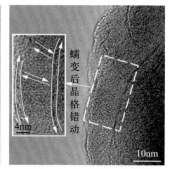
(c) σ_1=70% σ_c=55.05MPa

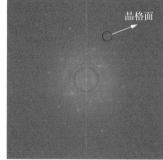

(d) σ_1=0% σ_c=0MPa

(e) σ_1=30% σ_c=31.46MPa

(f) σ_1=70% σ_c=55.05MPa

图 4-10　口孜东煤矿砂岩试样晶格[(a)～(c)是 TEM 扫描结果，(d)～(f)是对应的傅里叶变换结果]

表 4-4　傅里叶变换测量口孜东煤矿砂岩试样在长时蠕变前后的晶格间距

蠕变应力/MPa	r_1/nm	r_2/nm	r_3/nm	r_4/nm	r_5/nm	r_6/nm	r_7/nm	d/nm
σ_1=0% σ_c=0	0.34	0.36	0.38	0.40	0.42	0.41	0.33	0.37
σ_1=40% σ_c=31.46	0.39	0.36	0.40	0.38	0.35	0.41	0.37	0.38
σ_1=70% σ_c=55.05	0.35	0.45	0.37	0.39	0.44	0.45	0.46	0.42

表 4-5　**ImageJ 图像测量法测量口孜东煤矿砂岩试样在长时蠕变前后的晶格间距**

蠕变应力/MPa	总长度 D/nm	晶格数	d/nm
σ_1=0% σ_c=0	7.2	19	0.37
σ_1=40% σ_c=31.46	10.50	28	0.388
σ_1=70% σ_c=55.05	9	21	0.428

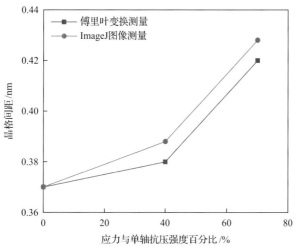

图 4-11　砂岩晶格间距与抗压强度百分比曲线

4.2　卸荷流变本构模型及其二次开发

4.2.1　岩石卸荷流变特性

现场工程中，巷道开挖后的时间影响不可忽视。因此，结合现场巷道变形破坏与采掘围岩应力分布特征，对砂岩试件和泥岩试件进行单轴加载流变试验、三轴恒轴压卸围压流变试验及三轴加轴压卸围压流变试验[1]，试验方案及试验对比如表 4-6～表 4-12 所列，具体试验结果如图 4-12～图 4-20 所示。

1. 单轴加载流变特性

无围压时泥岩流变显著，应变增加较快；泥岩在开挖扰动应力作用下浅部易产生缓慢流变变形，随时间增加造成围岩大变形。

2. 三轴恒轴压卸围压流变特性

从图 4-14、图 4-15 可以看出，随着围压应力水平的减小，试件的轴向、径向瞬时应变均随之增加，但轴向应变随围压增大的幅度较径向应变小，说明围压对岩石轴向、径向蠕变有抑制作用，围压水平越高，岩石越不容易发生流变。

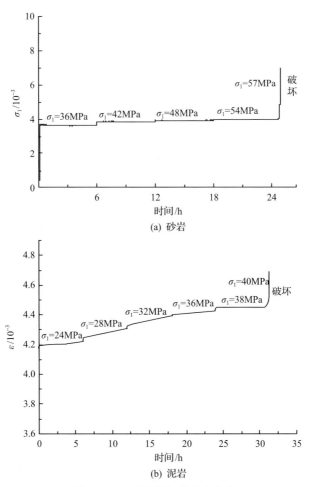

(a) 砂岩

(b) 泥岩

图 4-12 岩石单轴加载流变曲线

(a) 砂岩   (b) 泥岩

图 4-13 岩石单轴加载流变破坏特征

表 4-6　砂岩三轴恒轴压卸围压流变应力分级方案

分级	第一级	第二级	第三级	第四级
σ_1/MPa			120	
$(\sigma_1-\sigma_3)$/MPa	100	105	110	112

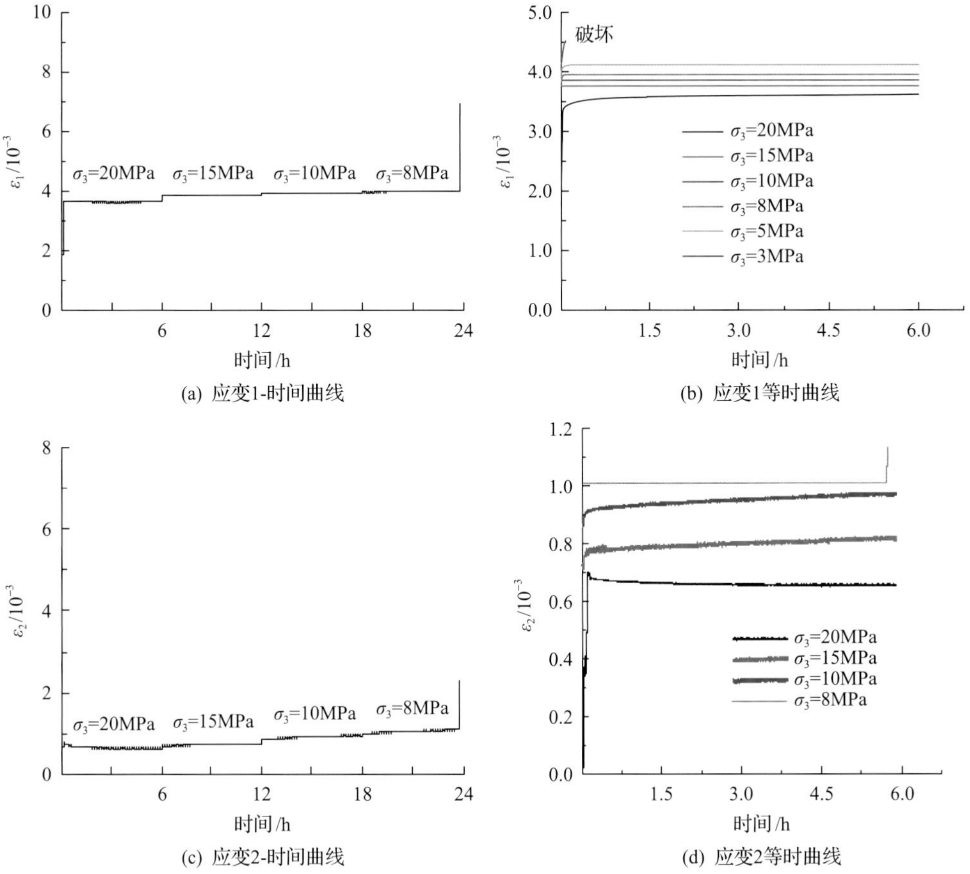

(a) 应变1-时间曲线

(b) 应变1等时曲线

(c) 应变2-时间曲线

(d) 应变2等时曲线

图 4-14　砂岩三轴恒轴压卸围压流变曲线

表 4-7　泥岩三轴恒轴压卸围压流变应力分级方案

分级	第一级	第二级	第三级	第四级	第五级	第六级
σ_1/MPa			60			
$(\sigma_1-\sigma_3)$/MPa	40	45	50	52	55	57

　　综上分析，恒轴压时，随围压降低，砂岩与泥岩均表现出流变特性，且流变速率逐渐增加；巷道围岩应力变化范围内不同深度处流变速度不同，且靠近巷道壁面流变速率相对大。

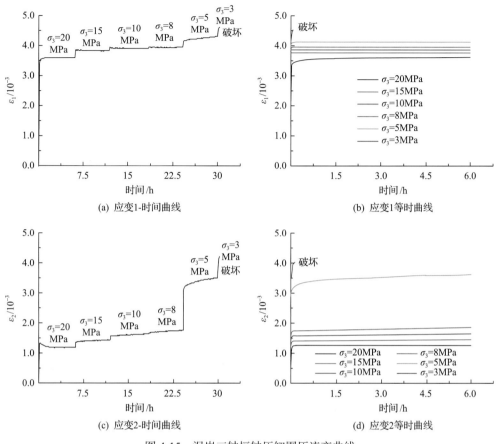

(a) 应变1-时间曲线

(b) 应变1等时曲线

(c) 应变2-时间曲线

(d) 应变2等时曲线

图 4-15　泥岩三轴恒轴压卸围压流变曲线

(a) 砂岩

(b) 泥岩

图 4-16　岩石三轴恒轴压卸围压流变破坏特征

3. 三轴加轴压卸围压流变特性

从砂岩三轴加轴压卸围压流变曲线(图 4-17)可见，当围压较大时(20MPa)，砂岩由于其强度较高,轴向变形没有明显的流变特性;从第二级蠕变曲线开始,随着围压的减小,岩石变形开始呈现出一定的蠕变特征,但仍不明显,此时砂岩试件产生的瞬时变形在总变形中占主要部分;当围压卸载至 14MPa 时,流变现象比较明显。砂岩加速阶段历时较为短暂,岩样破裂前出现比较明显的征兆;且试样在各级恒定围压下均经历了瞬时流变及稳态流变阶段,而在破裂围压水平下则从稳态流变过渡进入非线性加速流变直至破裂。

由表 4-9 可知,在各级恒定围压条件下,砂岩试样侧向流变应变为轴向的 1.8~4.6 倍,说明卸荷流变试验中,试样侧向变形特性较轴向更为显著,侧向扩容效应明显,这与常规三轴流变试验时的变形规律有所不同。

表 4-8 砂岩三轴加轴压卸围压流变应力分级方案

分级	第一级	第二级	第三级	第四级	第五级
σ_1/MPa	40	60	80	100	120
$(\sigma_1-\sigma_3)$/MPa	20	42	64	86	108

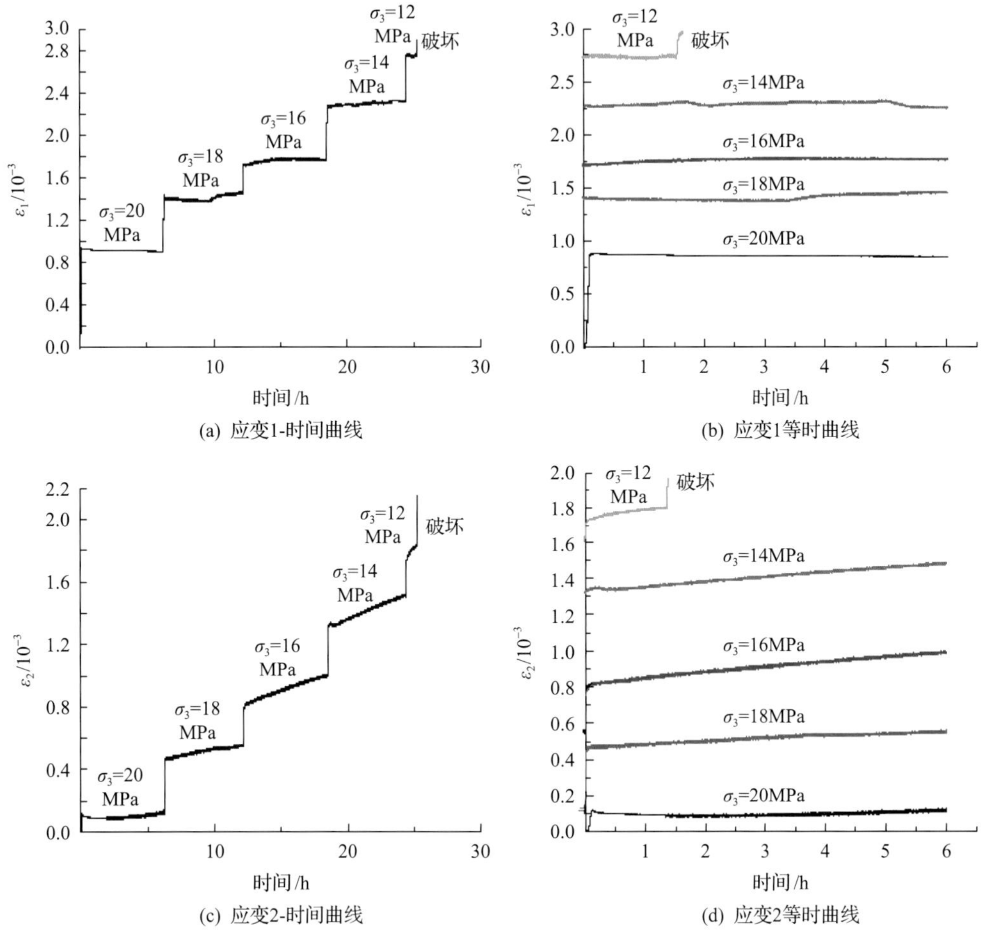

(a) 应变1-时间曲线

(b) 应变1等时曲线

(c) 应变2-时间曲线

(d) 应变2等时曲线

图 4-17 砂岩三轴加轴压卸围压流变曲线

表 4-9　砂岩三轴加轴压卸围压流变结果统计

围压 σ_3/MPa	偏应力 $(\sigma_1-\sigma_3)$/MPa	瞬时应变/10^{-6}		流变应变/10^{-6}	
		轴向	侧向	轴向	侧向
20	20	891	125	95	189
18	42	529	345	57	101
16	64	369	249	42	192
14	86	502	306	48	201
12	108	破坏	破坏	破坏	破坏

表 4-10　泥岩三轴加轴压卸围压流变应力分级方案

分级	第一级	第二级	第三级	第四级	第五级	第六级	第七级
σ_1/MPa	30	40	50	55	60	65	65
$(\sigma_1-\sigma_3)$/MPa	10	25	40	47	55	62	63

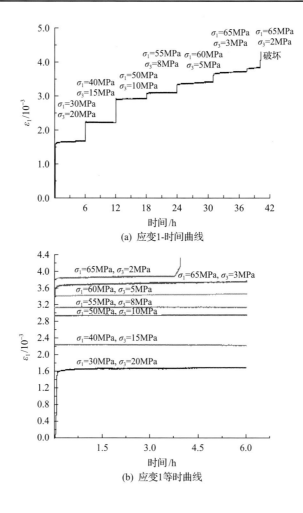

(a) 应变1-时间曲线

(b) 应变1等时曲线

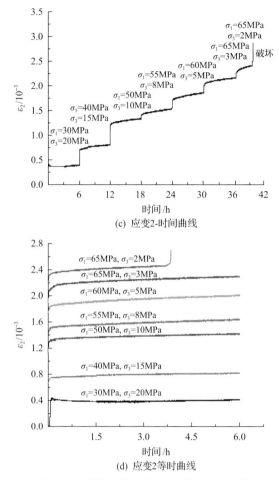

(c) 应变2-时间曲线

(d) 应变2等时曲线

图 4-18　泥岩三轴加轴压卸围压流变曲线

泥岩三轴加轴压卸围压流变结果统计如表 4-11 所示。由表 4-11 可知，在各级恒

表 4-11　泥岩三轴加轴压卸围压流变结果统计

围压 σ_3/MPa	偏应力 $(\sigma_1-\sigma_3)$/MPa	瞬时应变/10^{-6}		流变应变/10^{-6}	
		轴向	侧向	轴向	侧向
20	10	1560	433	85	39
15	25	564	293	5	110
10	40	584	411	12	121
8	47	139	89	27	142
5	55	219	168	80	168
3	62	238	182	101	173
3	63	破坏	破坏	破坏	破坏

(a) 砂岩　　　　　　　　　(b) 泥岩

图 4-19　岩石三轴加轴压卸围压流变破坏特征

定围压条件下，泥岩试样侧向流变应变为轴向的 1.7～22 倍，说明卸荷流变试验中，试样侧向变形特性较轴向更为显著，侧向扩容效应明显，这与常规三轴流变试验时的变形规律有所不同。

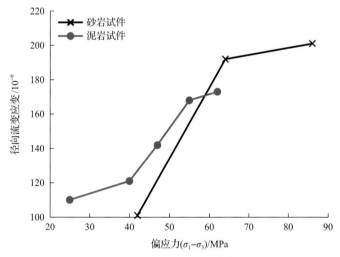

图 4-20　岩石三轴加轴压卸围压流变试验偏应力-径向流变应变曲线

综上可知，加轴压卸围压时，随着偏应力的增大，砂岩与泥岩流变速率逐渐增大；从岩性角度出发，泥岩是巷道围岩流变破坏的主要岩层；加轴压卸围压时，流变效应最明显，恒轴压卸围压次之，单轴时最小，即受采动影响时流变效应最显著。

利用数字图像分形维数获取试验系统(图 4-21)对破坏煤岩试验表面裂纹进行拍照，获取不同煤岩破坏的分形特征(表 4-12)。

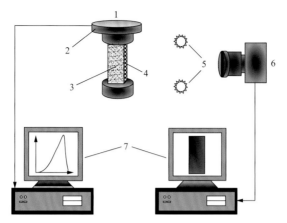

图 4-21　数字图像分形维数获取试验系统

1-加载装置；2-压力传感器；3-岩石试件；4-岩石裂纹；5-光源；6-高精度相机；7-计算机

表 4-12　典型裂纹的分维数

图像	计算分维数	图像	计算分维数	图像	计算分维数
	$D=1.3057$		$D=1.5948$		$D=1.6669$
	$D=1.3560$		$D=1.5951$		$D=1.6849$
	$D=1.5485$		$D=1.6203$		$D=1.6894$
	$D=1.5799$		$D=1.6241$		$D=1.7012$
	$D=1.5901$		$D=1.6483$		$D=1.7231$

由分形特征可知，随着泥岩或砂岩试件破坏失效产生裂纹大小及条数的增加，其分数维呈增加趋势，除部分完全破碎试件外，已测得分数维的变化范围为 1.3057～1.7231，且同样试验得到的泥岩分数维大于砂岩分数维。

通过试验发现，现场泥岩和砂岩均存在不同程度的应变软化特性，岩石(煤)弹性模量的非线性劣化贯穿峰后应变软化的整个过程，如图 4-22 所示。

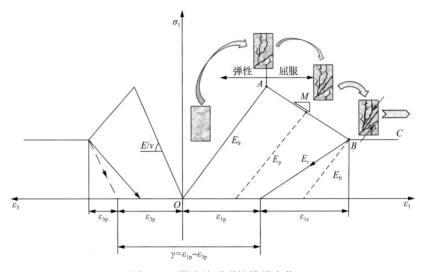

图 4-22 煤岩峰后弹性模量劣化

OA 弹性阶段；*AB* 应变软化阶段；*BC* 残余强度阶段；ε_{1p}、ε_{3p} 分别为最大、

最小塑性应变；ε_{1e} 为最大弹性应变

为简化计算，以线性差值的方法近似表示弹性模量的非线性劣化，其表达式为

$$E_p = (1-\omega)E_0 + \omega E_r \tag{4-1}$$

式中，ω 为弹性模量衰减系数，其范围为[0,1]；E_0 与 E_r 为岩石(煤)初始弹性模量、残余弹性模量。

当 $\omega=0$ 时，$E_p=E_0$，点 P 对应峰值点 A，此时塑性软化系数 $\gamma=0$；同理，当 $\omega=1$ 时，$E_p=E_r$，塑性软化系数 $\gamma=\gamma^*$，此时点 P 对应残余应力点 B。由此可知，弹性模量衰减系数 ω 与塑性软化系数 γ 具有相互对应的关系。因此，将弹性模量衰减系数假设为 $\omega = \dfrac{\gamma}{\gamma^*}$，$\gamma^*$ 为点 B 处岩石临界塑性软化参数。

当岩石(煤)屈服破坏服从莫尔库仑破坏准则时，其可表示为

$$f(\sigma_1, \sigma_3, \gamma) = \sigma_1 - \frac{1+\sin\varphi(\gamma)}{1-\sin\varphi(\gamma)}\sigma_3 - 2C(\gamma)\sqrt{\frac{1+\sin\varphi(\gamma)}{1-\sin\varphi(\gamma)}} \tag{4-2}$$

式中，C 为黏聚力；φ 为内摩擦角；σ_1 和 σ_3 分别为岩石破坏时的最大和最小主应力；γ 为塑性软化参数。

此时考虑弹性模量退化的强度参数衰减的数学表达式为

$$\xi(\gamma)=\begin{cases}\xi^{p}-\left(\xi^{p}-\xi^{r}\right)\dfrac{\gamma}{\gamma^{*}},\ 0<\gamma\leqslant\gamma^{*}\\[2mm]\xi^{r},\qquad\qquad\qquad\gamma^{*}\leqslant\gamma\end{cases}\tag{4-3}$$

式中，ξ^{p}、ξ^{r} 分别为峰值及残余阶段的强度参数值；γ^{*} 为临界塑性软化参数，$\gamma^{*}=\left(K_1\sigma_{A}-K_2\sigma_{r}+K_3\sigma_3\right)\left(1+\dfrac{1}{2}N_{\psi}\right)$，$N_{\psi}=\dfrac{1+\sin\psi}{1-\sin\psi}$；$\psi$ 为剪胀角。

4.2.2　卸荷流变本构模型及流变效应模拟

根据煤岩流变特性试验分析，以经典黏弹塑性模型(Cvisc 模型)[2]为基础进行卸荷流变本构模型的修正，从而构建 N-Cvisc 流变本构模型。以泥岩为例，具体修正方案分为两部分：①考虑修正泥岩流变关键指标黏聚力 C 和内摩擦角 φ；②考虑修正弹性阶段模量 E_{M}。

首先，考虑泥岩流变过程中黏聚力 C 和内摩擦角 φ 随时间变化规律进行流变模型的修正，如图 4-23 所示。

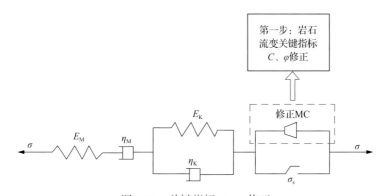

图 4-23　关键指标 C、φ 修正

E_{M} 为 Maxwell 体中弹簧弹性模量；η_{M} 为 Maxwell 体中黏糊黏滞系数；E_{K} 为 Kelvin 体中弹簧弹性模量；η_{K} 为 Kelvin 体中黏糊黏滞系数；σ_{s} 为滑块的起始摩擦阻力

泥岩黏聚力 C 和内摩擦角 φ 随时间变化规律如图 4-24 所示。

对于 Maxwell 体，有

$$\varepsilon_{M}=\frac{1}{E_{M}}\sigma_{M}+\frac{1}{\eta_{M}}\sigma_{M}\tag{4-4}$$

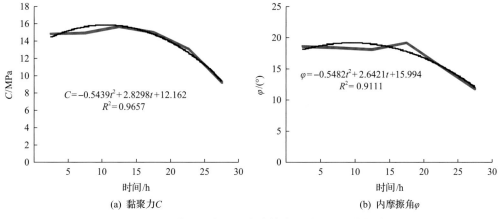

图 4-24 泥岩黏聚力 C 和内摩擦角 φ 随时间变化规律

对于 Kelvin 体，有

$$\sigma_K = \eta_K \dot{\varepsilon}_K + E_K \varepsilon_K \tag{4-5}$$

因串联，故

$$\varepsilon = \varepsilon_M + \varepsilon_K + \varepsilon_P, \dot{\varepsilon} = \dot{\varepsilon}_M + \dot{\varepsilon}_K + \dot{\varepsilon}_P \tag{4-6}$$

$$\sigma = \sigma_M = \sigma_K = \sigma_P \tag{4-7}$$

式中，ε_P 为塑性应变。当 $\sigma < \sigma_s$ 时，摩擦片为刚体，模型退化为伯格斯体模型，其本构方程为

$$\sigma + \left(\frac{E_M}{\eta_K} + \frac{E_M}{\eta_M} + \frac{E_K}{\eta_K} \right)\dot{\sigma} + \frac{E_M E_K}{\eta_M \eta_K}\sigma = E_M \dot{\varepsilon} + \frac{E_M E_K}{\eta_K}\varepsilon \tag{4-8}$$

当 $\sigma \geqslant \sigma_s$ 时，考虑黏聚力 C 和内摩擦角 φ 随时间的变化关系，修正莫尔库仑准则：

$$\begin{aligned}F = {}&\sigma_m \sin(-0.5482t^2 + 2.6421t + 15.994) + \bar{\sigma}K(\theta) - (-0.5439t^2 + 2.8298t \\ &+ 12.162)\cos(0.5482t^2 + 2.6421t + 15.994)\end{aligned} \tag{4-9}$$

其本构方程为

$$\varepsilon(t) = \frac{\sigma}{E_M} + \frac{\sigma}{\eta_M}t + \frac{\sigma}{E_K}\left(1 - \mathrm{e}^{-\frac{E_K}{\eta_K}t} \right) + \varepsilon_v(t, \sigma) \tag{4-10}$$

此后，在考虑泥岩流变过程中黏聚力 c 和内摩擦角 φ 随时间变化规律修正的基础上，对弹性模量进行修正，如图 4-25 所示。

弹性模量随时间变化规律如图 4-26 所示。

对弹性模量随时间变化曲线进行拟合，有

$$E_{\mathrm{M}}(t) = -0.54437 - 5.95862^{x} \tag{4-11}$$

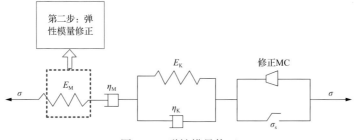

图 4-25　弹性模量修正

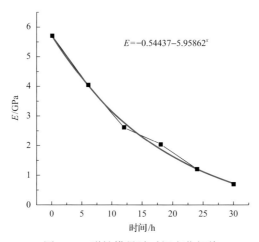

图 4-26　弹性模量随时间变化规律

将弹性模量随时间变化方程代入式(4-8)、式(4-10)，得到 N-Cvisc 模型本构方程。

当 $\sigma < \sigma_{\mathrm{s}}$ 时，其本构方程为

$$\ddot{\sigma} + \left[\frac{E_{\mathrm{M}}(t)}{\eta_{\mathrm{K}}} + \frac{E_{\mathrm{M}}(t)}{\eta_{\mathrm{M}}} + \frac{E_{\mathrm{T}}}{\eta_{\mathrm{K}}} \right] \dot{\sigma} + \frac{E_{\mathrm{M}}(t)E_{\mathrm{K}}}{\eta_{\mathrm{M}}\eta_{\mathrm{K}}} \sigma = E_{\mathrm{M}}\ddot{\varepsilon} + \frac{E_{\mathrm{M}}(t)E_{\mathrm{K}}}{\eta_{\mathrm{K}}} \dot{\varepsilon} \tag{4-12}$$

当 $\sigma \geqslant \sigma_{\mathrm{s}}$ 时，将弹性模量随时间变化方程代入，本构方程修正为

$$\varepsilon(t) = \frac{\sigma}{E_{\mathrm{M}}(t)} + \frac{\sigma}{\eta_{\mathrm{M}}} t + \frac{\sigma}{E_{\mathrm{K}}} \left(1 - \mathrm{e}^{-\frac{E_{\mathrm{K}}}{\eta_{\mathrm{K}}}t} \right) + \varepsilon_{\mathrm{V}}(t, \sigma) \tag{4-13}$$

由修正后本构方程可知，当岩石试件 $\sigma < \sigma_s$ 时，塑性元件 MC 为 0，N-Cvisc 黏弹塑性模型退化为 Burgers 流变模型；当 $\sigma \geqslant \sigma_s$ 时，对泥岩弹性模型、黏聚力 C、内摩擦角 φ 随时间变化规律进行修正。

由于 FLAC3D 软件是一种有限差分计算方法，在编译新的自定义本构模型之前，为了便于本构模型程序化，需要推导本构方程的三维中心差分格式，即应力增量和应变增量关于流变时间的差分形式。

根据弹塑性理论，应力球张量为一个静水应力状态，只改变物体体积而不改变其形状，应力偏张量只改变物体的形状而不改变体积。对于黏性物体，可同样认为球应力张量不产生流变，只有应力偏张量引起岩石流变。由于图 4-25 所示的模型由 Burgers 模型与 MC 元件串联，因此 New 本构模型总的偏应变率为

$$\dot{e}_{ij} = \dot{e}_{ij}^{\mathrm{B}} + \dot{e}_{ij}^{\mathrm{P}} \tag{4-14}$$

式中，$\dot{e}_{ij}$ 为总应变率；$\dot{e}_{ij}^{\mathrm{B}}$ 为 Burgers 本构模型的应变率；$\dot{e}_{ij}^{\mathrm{P}}$ 为塑性元件作用时产生的应变率。

MC 元件偏应变率可表示为

$$\dot{e}_{ij}^{\mathrm{P}} = \lambda \frac{\partial g}{\partial \sigma_{ij}} - \frac{1}{3} \dot{e}_{\mathrm{vol}}^{\mathrm{P}} \delta_{ij} \tag{4-15}$$

式中，$\dot{e}_{\mathrm{vol}}^{\mathrm{P}} = \lambda \left(\dfrac{\partial g}{\partial \sigma_{11}} + \dfrac{\partial g}{\partial \sigma_{22}} + \dfrac{\partial g}{\partial \sigma_{33}} \right)$。

将式(4-14)和式(4-15)写成增量的形式：

$$\Delta e_{ij} = \Delta e_{ij}^{\mathrm{B}} + \Delta e_{ij}^{\mathrm{P}} \tag{4-16}$$

$$\Delta e_{ij}^{\mathrm{P}} = \lambda \frac{\partial g}{\partial \sigma_{ij}} \Delta t - \frac{1}{3} \Delta e_{\mathrm{vol}}^{\mathrm{P}} \delta_{ij} \tag{4-17}$$

文献[3]推导了 Burgers 模型的偏应力和广义 Kelvin 模型的偏应变增量，即表达式分别为

$$S_{ij}^{\mathrm{N}} = \frac{1}{X} \left[\Delta e_{ij} + Y S_{ij}^{\mathrm{O}} - \left(\frac{B'}{A'} - 1 \right) e_{ij}^{\mathrm{K,O}} \right] \tag{4-18}$$

式中，$X = \dfrac{\Delta t}{4A'\eta_2} + \dfrac{1}{2G_1} + \dfrac{\Delta t}{4\eta_1}$；$A' = 1 + \dfrac{G_2 \Delta t}{2\eta_2}$；$Y = \dfrac{1}{2G_1} - \dfrac{\Delta t}{4\eta_1} - \dfrac{\Delta t}{4A'\eta_2}$；$B' = 1 - \dfrac{G_2 \Delta t}{2\eta_2}$；

S_{ij}^{O} 为 Burgers 模型的原偏应力张量；$e_{ij}^{\mathrm{K,O}}$ 为 Kelvin 体原偏应变张量。

$$\Delta e_{ij}^{\mathrm{K}} = \frac{1}{A}\left[\left(S_{ij}^{\mathrm{K,N}} + S_{ij}^{\mathrm{K,O}}\right)\Delta t - (A+B)e_{ij}^{\mathrm{K,O}}\right] \tag{4-19}$$

式中，$\Delta e_{ij}^{\mathrm{K}}$ 为广义 Kelvin 体原偏应变增量；$A = 2G_2\Delta t + 4\eta_2$；$B = 2G_2\Delta t - 4\eta_2$；$S_{ij}^{\mathrm{K,N}}$ 为 Kelvin 体新偏应力张量；$S_{ij}^{\mathrm{K,O}}$ 为 Kelvin 体原偏应力张量；G_1、G_2 为岩石材料的剪切模量；η_1、η_2 为岩石材料的黏滞系数。

球应力在 $t + \Delta t$ 时刻的差分形式可写为

$$\sigma_{\mathrm{m}}^{\mathrm{N}} = \sigma_{\mathrm{m}}^{\mathrm{O}} + K\left(\Delta e_{\mathrm{vol}} - \Delta e_{\mathrm{vol}}^{\mathrm{P}}\right) \tag{4-20}$$

所以，$t + \Delta t$ 时刻模型的试算应力为

$$\bar{\sigma}_{ij}^{\mathrm{N}} = \sigma_{ij}^{\mathrm{N}}\delta_{ij} + S_{ij}^{\mathrm{N}} \tag{4-21}$$

将 $\sigma_{\mathrm{m}}^{\mathrm{N}}$ 和 $\bar{\sigma}_{ij}^{\mathrm{N}}$ 代入屈服准则中，若 $F<0$，则认为材料进入塑性破坏状态，发生塑性流动特性，此时 $t + \Delta t$ 试算应力 $\bar{\sigma}_{ij}^{\mathrm{N}}$ 需要由塑性应变加以修正。

FLAC3D本构模型二次开发主要工作包括头文件 UserNew.h 和源文件 UserNew.cpp 的修改，本模型开发在头文件 UserNew.h 中对定义了模型编号的枚举函数 ModelNum 进行修改，编号设为 500。通过设置 Keyword 函数的返回值为 UserNew，用户可用 model 命令调用 New 模型进行模拟计算。源文件 UserNew.cpp 修改的关键在于抽象类 Constitutive Model 的编写。首先定义了塑性状态指示器，按照十六进制的格式进行变量赋值；然后又定义了破坏状态。由于屈服条件往往写成主应力或是主应力不变量的形式，由修正的 Mohr-Coulomb 流动法则和相关方程得到新的主应力后，再用 EXPORT void Resoltoglob 函数将新的主应力转换成全局坐标下的应力张量[4-7]。图 4-27 给出了自定义载荷流变本构模型二次开发程序流程。

以口孜东煤矿 121304 工作面机巷开挖为例进行模拟验证，模拟结果如图 4-28 所示，塑性区范围对比如表 4-13 所示。

采用 N-Cvisc 模型，121304 机巷模拟开挖 30 天后，两帮破坏范围为 5.5m，顶底破坏范围为 5.8m；采用 Cvisc 模型，两帮破坏范围为 5.3m，顶底破坏范围为 5.4m；不流变计算时，两帮破坏范围为 4.5m，顶底破坏范围为 4.1m；现场实测两帮破坏范围为 5.9m。通过对比说明，采用 N-Cvisc 模型后计算结果更符合现场实测结果。

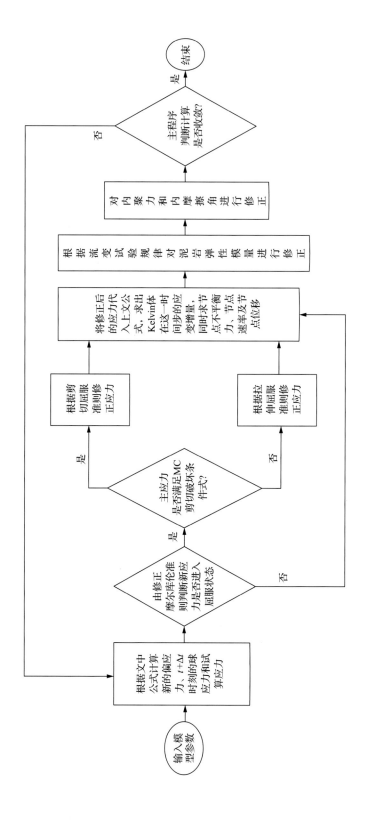

图4-27 载荷流变本构二次开发程序流程

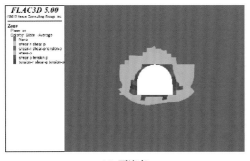

(a) 不流变

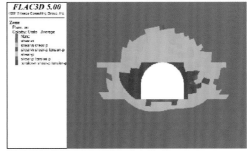

(b) Cvisc 模型

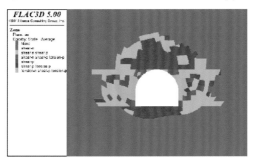

(c) N-Cvisc 模型

图 4-28　巷道围岩塑性破坏状态(t=30 天)

表 4-13　121304 机巷开挖后塑性区范围对比

类别	现场实测	不流变	Cvisc 模型(30 天)	N-Cvisc 模型(30 天)
顶底/m	—	4.1	5.4	5.8
两帮/m	5.9	4.5	5.3	5.5

4.2.3　千米深井回采巷道流变大变形模拟

1. 工程概况[8-11]

　　口孜东煤矿位于淮南煤田西部，井田倾向宽 3.0～7.3km，走向长 7.4km，面积约 33.6km^2。煤层倾角南翼比较平缓，一般为 5°～10°；北翼稍陡，一般为 10°～18°。以 121304 工作面机巷为工程背景，121304 工作面煤层埋深 1000m，煤层内生裂隙发育。煤层柱状情况如图 4-29 所示，具体模拟区域如图 4-30 中 121304 工作面平面图中虚线框所示。

　　13-1 煤层普氏硬度系数约为 1.6，密度为 1.4t/m^3，平均煤层厚度(含夹矸)为 5.18m；煤层含一层夹矸，主要为泥岩或炭质泥岩，平均厚度为 0.44m，煤层平均倾角约为 6°。煤层顶底板主要为泥岩和砂质泥岩。

岩性	厚度/m	顶底板累计厚度/m
细砂岩	8.2	45.3
砂质泥岩与泥岩互层	15.0	37.1
细砂岩与砂质泥岩互层	11.7	22.1
泥岩与砂质泥岩互层	10.4	10.4
13-1煤层	4.9	4.9
泥岩	5.5	5.5
砂质泥岩与泥岩互层	21.6	27.1
细砂岩	5.1	32.2

图 4-29　煤层柱状情况

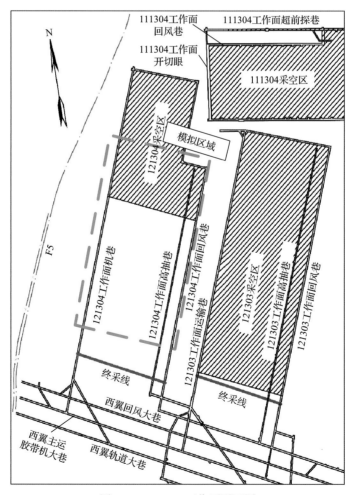

图 4-30　121304 工作面平面图

2. 计算模型构建及参数选取

(1)模型结构。

选定 121304 工作面为工程原型，计算模型选取 X 水平方向长度 450m，Y 水平方向长度 230m，Z 垂直方向 100m 建立数值计算模型。砂质泥岩作为模型的上边界，泥岩作为模型的下边界，各岩层自上而下依次是砂质泥岩、细砂岩、泥岩、煤、泥岩、细砂岩，如图 4-31 所示。选取巷道断面具体形状为直角半圆拱形，巷道尺寸为 6.0m×5.0m。

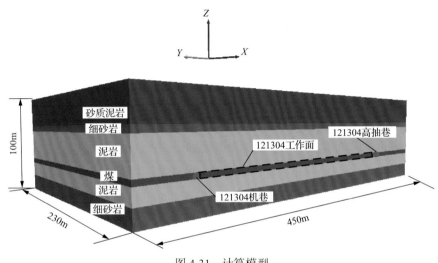

图 4-31　计算模型

(2)模型边界条件。

模型的左右、前后及下边界为位移边界，模型顶部为应力边界条件。现场巷道埋深约 1000m，在模型上部边界施加 25MPa 均布压应力。模型边界条件如图 4-32 所示。

(3)岩层本构及参数。

本次模拟各个计算阶段选用的岩层本构如表 4-14 所示。

当考虑流变时，选择煤层直接顶底板泥岩为流变岩层，即巷道开挖和工作面回采后将煤层直接顶底板泥岩赋值为流变模型参数进行流变模拟。模型计算中所需的各类地层参数具体数据如表 4-15 和表 4-16 所示。

3. 模拟方案

针对 121304 工作面现场条件，考虑 121304 工作面机巷开挖、121304 工作面回采产生的影响，即模型平衡后开挖时是一种工况，流变一段时间后(60 天)工作面回采时为另一种工况。开挖模拟巷道时采用 NULL 单元模块，用于描述被移除或开挖的材料。

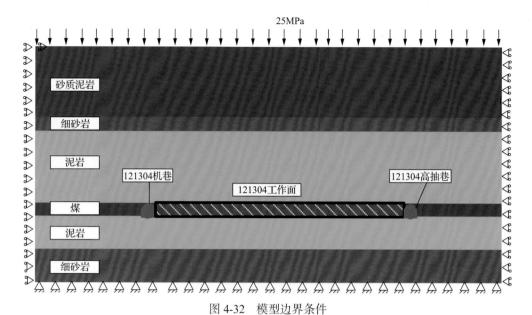

图 4-32　模型边界条件

表 4-14　各个计算阶段选用的岩层本构列表

	初始平衡	121304 机巷开挖	121304 工作面回采
不考虑流变			莫尔库仑模型
考虑流变	莫尔库仑模型	莫尔库仑模型	Cvisic 模型
			N-Cvisic 模型

表 4-15　莫尔库仑模型岩层物理力学参数

岩性	厚度/m	密度/(kg/m³)	体积模量/GPa	剪切模量/GPa	内摩擦角/(°)	黏聚力/MPa	抗拉强度/MPa
砂质泥岩	29	2570	6	5	35	3	0.2
细砂岩	6	2600	7	4	40	4	0.8
泥岩	29	2500	6.5	5	35	2.8	0.8
煤	5	1350	2	1	28	1	0.6
泥岩	15	2500	6.5	5	35	2.8	0.8
细砂岩	16	2600	7	4	40	4	0.8

表 4-16　数值模拟 Cvisc 模型岩层物理力学参数

岩性	密度/(kg/m³)	体积模量/GPa	Maxwell 剪切模量/GPa	Kelvin 剪切模量/GPa	Maxwell 黏性系数/(GPa·h)	Kelvin 黏性系数/(GPa·h)	黏聚力/MPa	内摩擦角/(°)	抗拉强度/MPa	剪胀角/(°)
泥岩	2500	8.4	50.41	54.63	1000	1	2.8	35	0.8	10

本次模拟方案具体分为两个工况，具体监测方案如图 4-33 所示。

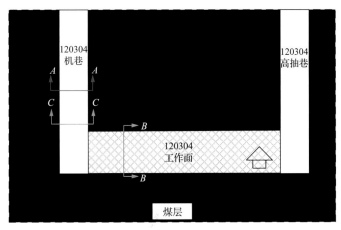

(a) *X—Y* 平面

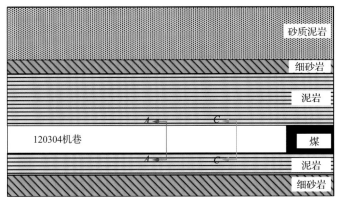

(b) *Y—Z* 剖面

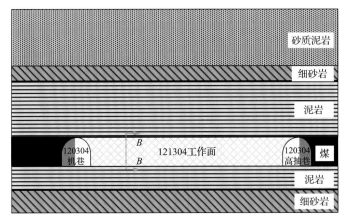

(c) *X—Z* 剖面

图 4-33　监测截面布置

(1) 121304 机巷开挖。流变 60 天，选取截面 *A*(*Y*= −115m)，监测其流变计算后塑性区分布情况。

(2)121304 工作面回采。回采后流变 30 天，选取截面 $B(X=120\text{m})$，监测工作面垂直应力分布情况；选取工作面超前截面 $C(Y=-130\text{m})$ 处，监测巷道断面塑性区分布情况。

4. 模拟结果

1）121304 机巷开挖

(1)3 种计算模型塑性区分布。

121304 机巷模拟开挖后（流变时间选定为 60 天），选取截面 A 处塑性区分布，如图 4-34 和图 4-35 所示。

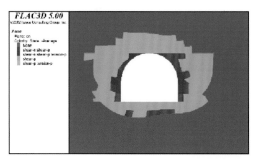

(a) 不流变

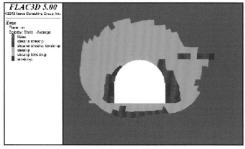

(b) Cvisc模型

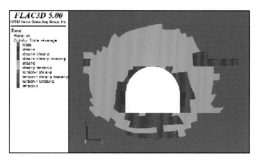

(c) N-Cvisc模型

图 4-34　3 种计算模型塑性区云图对比

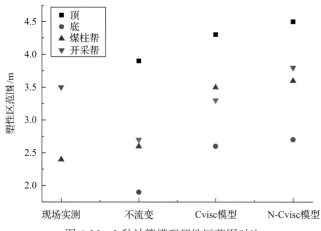

图 4-35　3 种计算模型塑性区范围对比

对比 3 种不同情况下的模拟结果，如表 4-17 所示。

表 4-17　121304 机巷开挖后塑性区范围对比

类别	现场实测	不流变	Cvisc 模型(60 天)	N-Cvisc 模型(60 天)
顶/m	—	3.9	4.3	4.5
底/m	—	1.9	2.6	2.7
煤柱帮/m	2.4	2.6	3.5	3.6
开采帮/m	3.5	2.7	3.3	3.8

采用 N-Cvisc 模型，121304 机巷模拟开挖 60 天后，煤柱帮、开采帮破坏范围分别为 3.6m、3.8m，顶底破坏范围分别为 4.5m、2.7m；采用 Cvisc 模型，煤柱帮、开采帮破坏范围分别为 3.5m、3.3m，顶底破坏范围分别为 4.3m、2.6m；不流变计算时，煤柱帮、开采帮破坏范围分别为 2.6m、2.7m，顶底破坏范围分别为 3.9m、1.9m；现场实测煤柱帮、开采帮破坏范围为 2.4m、3.5m。通过对比说明，采用 N-Cvisc 模型后塑性区范围更贴合现场巷道松动圈大小。

(2)不同流变时间后塑性区分布。

考虑流变时间长短对深井巷道围岩破坏的影响，采用 N-Cvisc 模型，计算流变不同时间后截面 A 的塑性区变化，如图 4-36 和图 4-37 所示。

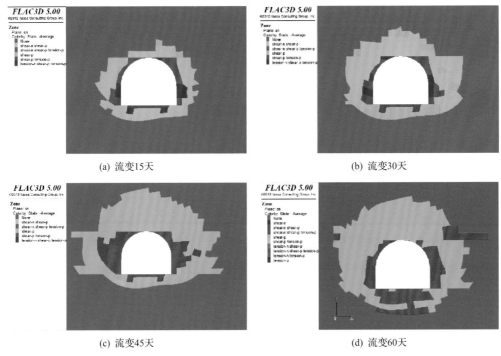

(a) 流变15天　　　　　　　　　　(b) 流变30天

(c) 流变45天　　　　　　　　　　(d) 流变60天

图 4-36　N-Cvisc 模型下不同流变时间后塑性区云图对比

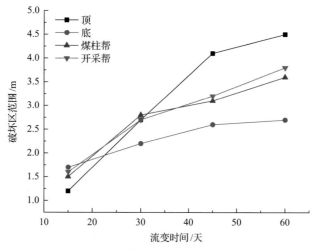

图 4-37　不同流变时间后破坏区范围对比

由图 4-37 可知，巷道流变 15 天后塑性区范围出现增大现象，顶底及两帮塑性区范围为 1.5m 左右；当流变 30 天时，121304 机巷破坏范围逐渐增大，且增大速度较快，顶板破坏范围为 2.5m，两帮破坏范围为 2.6m；当流变 45 天后，破坏区范围进一步增大，且破坏区增加速度有所减慢，顶板破坏范围为 4.2m，两帮破坏范围为 3.2m；在流变 60 天后，破坏区范围增加速度进一步减小，顶板塑性区范围最大达到 4.5m。通过流变 15 天、30 天、45 天、60 天后塑性区对比发现，流变时间延长，破坏速度降低，塑性区范围越大。

2）121304 工作面回采

（1）工作面回采后超前巷道应力分布情况。

选取截面 B 处垂直应力分布进行对比，如图 4-38 和图 4-39 所示。

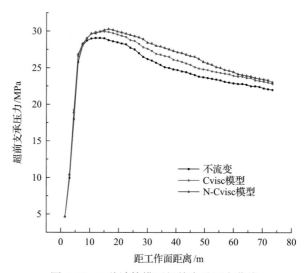

图 4-38　3 种计算模型超前支承压力曲线

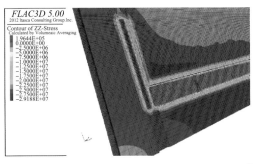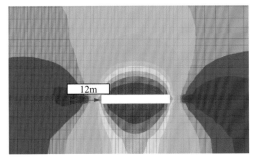

(a) 不流变

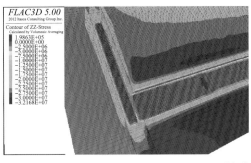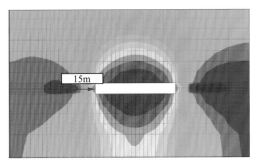

(b) Cvisc 模型

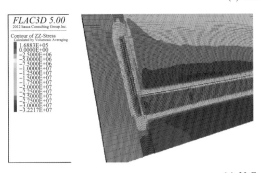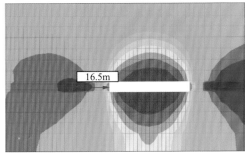

(c) N-Cvisc 模型

图 4-39 3 种计算模型垂直应力分布云图对比

对比 3 种不同情况下的模拟结果，如表 4-18 所示。

由图 4-38、图 4-39 和表 4-18 可以发现，采用 N-Cvisc 模型流变 30 天后，超前支承压力峰值位置为 16.5m，峰值应力集中系数为 1.5；采用 Cvisc 模型，超前支承压力峰值位置为 15m，峰值应力集中系数为 1.45；不流变计算时，超前支承压力峰

表 4-18 回采后超前断面支承压力峰值位置及应力集中系数对比

类别	现场监测	不流变	Cvisc 模型(30 天)	N-Cvisc 模型(30 天)
工作面超前支承压力峰值位置/m	23	12	15	16.5
峰值位置处应力集中系数	1.8	1.38	1.45	1.5

值位置为 12m，峰值应力集中系数为 1.38；现场实测超前支承压力峰值位置为 23m，峰值应力集中系数为 1.8。通过对比，N-Cvisc 模型超前支承压力分布更贴合现场巷道测试结果。

（2）工作面回采后超前巷道变形破坏特征。

选取截面 C 处塑性区分布，如图 4-40 和图 4-41 所示。

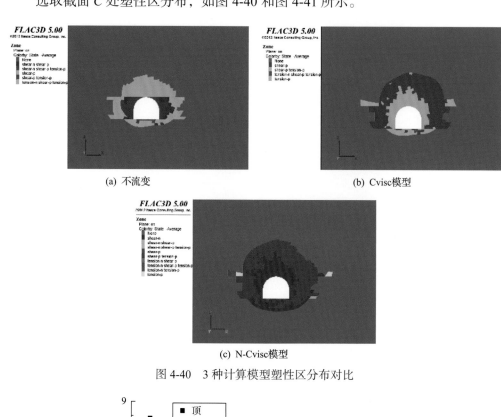

(a) 不流变　　　　　　　　　　　(b) Cvisc模型

(c) N-Cvisc模型

图 4-40　3 种计算模型塑性区分布对比

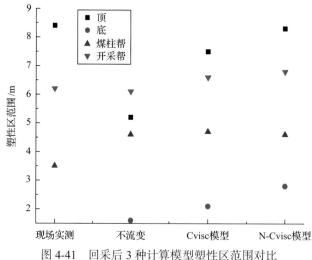

图 4-41　回采后 3 种计算模型塑性区范围对比

121304 工作面机巷受采动影响后，超前断面破坏区范围对比如表 4-19 所示。

表 4-19　回采后超前断面破坏区范围对比

类别	现场实测	不流变	Cvisc 模型(30 天)	N-Cvisc 模型(30 天)
顶/m	8.4	5.2	7.5	8.3
底/m	—	1.6	2.1	2.8
煤柱帮/m	3.5	4.6	4.7	4.6
开采帮/m	6.2	6.1	6.6	6.8

由图 4-40、图 4-41 和表 4-19 可以发现，采用 N-Cvisc 模型，煤柱帮、开采帮破坏范围分别为 4.6m、6.8m，顶底破坏范围分别为 8.3m、2.8m；采用 Cvisc 模型，煤柱帮、开采帮破坏范围分别为 4.7m、6.6m，顶底破坏范围分别为 7.5m、2.1m；不流变计算时，煤柱帮、开采帮破坏范围分别为 4.6m、6.1m，顶底破坏范围分别为 5.2m、1.6m；现场实测煤柱帮、开采帮破坏范围为 3.5m、6.2m，顶板破坏范围为 8.4m。通过对比说明，采用 N-Cvisc 模型后塑性区分布更贴合现场巷道监测结果。

(3)工作面回采后超前巷道位移分布。

工作面回采后截面 C 处水平位移云图对比如图 4-42 所示。

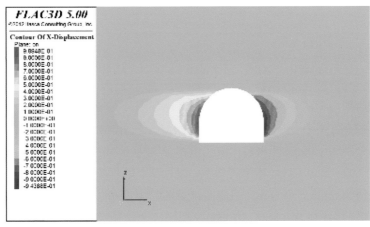

(a) 不流变

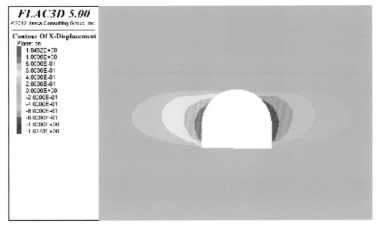

(b) Cvisc模型

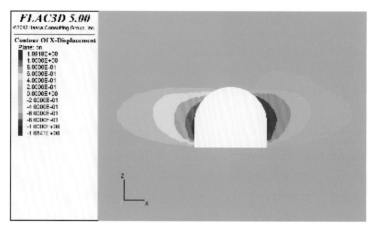

(c) N-Cvisc 模型

图 4-42　3 种计算模型水平位移云图对比

工作面回采后截面 *C* 处水平位移对比情况见表 4-20 所列。

表 4-20　回采后超前断面水平位移对比

类别	不流变	Cvisc 模型(30 天)	N-Cvisc 模型(30 天)
煤柱帮/m	0.98	1.04	1.09
开采帮/m	0.94	1.02	1.08

工作面回采后超前巷道垂直位移云图对比如图 4-43 所示。

由图 4-42、图 4-43、表 4-20 和表 4-21 可知，采用 N-Cvisc 模型计算后，煤柱帮、开采帮位移分别为 1.09m、1.08m，顶底位移分别为 0.74m、0.23m，且位移分布云图有向右倾斜现象；采用 Cvisc 模型计算后，煤柱帮、开采帮位移分别为 1.04m、1.02m，顶底位移分别为 0.66m、0.16m；不流变计算时，煤柱帮、开采帮位移分别为 0.98m、0.94m，顶底位移分别为 0.48m、0.15m；现场实测两帮移近量约为 2.3m，顶底移近

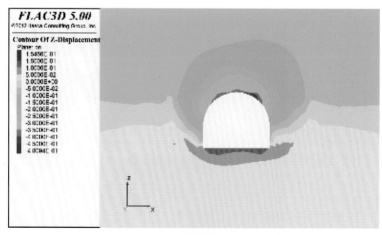

(a) 不流变

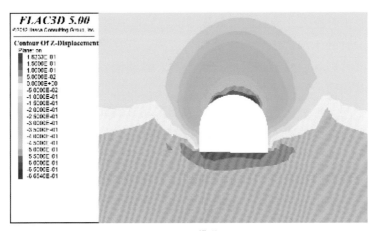

(b) Cvisc模型

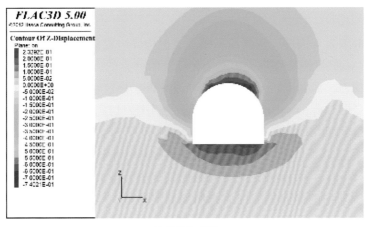

(c) N-Cvisc模型

图 4-43　3 种计算模型垂直位移云图对比

工作面回采后超前巷道垂直位移对比情况见表 4-21 所列。量约为 2.5m。通过对比说明，受 121304 工作面回采影响，即近工作面一侧位移较远工作面一侧更大，且采用 N-Cvisc 模型更符合现场实测结果。

表 4-21　回采后超前断面垂直位移对比

类别	不流变	Cvisc 模型（30 天）	N-Cvisc 模型（30 天）
顶/m	0.48	0.66	0.74
底/m	0.15	0.16	0.23

4.3　巷道围岩锚固承载结构流变大变形

煤巷帮因开挖形成自由面，导致帮部围岩的水平方向卸荷，竖直方向加载；且帮部围岩由浅至深的水平应力逐步增大，并恢复至原岩状态[12-14]。而巷道顶底板的刚度一般相对较大，导致巷道帮浅部围岩易形成竖直方向(平行于帮)的层裂。主承载区域围岩处于浅部围岩与深部围岩之间，其在峰值切向应力作用下发生高应力的剪切滑移破坏。受破裂面的起伏影响，破裂面发生滑移碎胀，但受到周边围岩的约束其破裂面法向上发生压缩变形，这与传统的实验室等法向力直剪试验的边界条件不同。承载区剪切滑移破坏的围岩在破裂面法向上受到周边围岩的约束，其剪胀变形受到约束，沿节理面凸起爬升效应，沿法向上的碎胀。其法向上为恒刚度约束，而非恒法向力约束[15-18]。因此，随着剪切的进行，法向力水平会越来越高，节理面凸起被剪切及摩擦消耗，节理面粗糙度趋于稳定，相应地，节理面滑动摩擦系数也趋于稳定。此时，在浅部围岩承载结构能够提供恒定支护阻力的前提下，围岩若没有受到采动压力的影响，则处于稳定滑移，表现出稳态流变的特征；反之，若围岩受到采动压力的影响，则变形速度相对急剧，整体表现为加速流变的特征。

如果浅部围岩与锚杆、锚索或钢棚等支护构件组成的复合承载结构提供的支护阻力足够大，承载区围岩在该支护阻力条件下所拥有的抗剪/抗滑强度大于承载区围岩滑动的驱动力，那么围岩停止滑动，巷道则处于稳定状态；相反，若浅部围岩承载结构发生变形卸荷，约束围压水平降低，巷道围岩切向应力峰值向围岩深部迁移，寻求新的承载区域[19-21]。

在深部高应力条件下，巷道围岩大范围破坏，松动圈发育厚度达2～4m，有的甚至达到5～7m，而锚杆支护结构的控制范围一般为2～3m，虽然杆体强度很高，但浅部围岩中的锚固体因锚固作用层裂不明显，锚固体以里的煤岩体产生竖向层裂扩容，且承载区围岩剪切滑动对浅部层裂围岩产生向巷道内的驱动力。随着时间的延长，扩容与驱动力导致浅部锚固体出现结构体滑移，其组成的承载结构发生了整体性的挤入，无法有效控制深部围岩结构性流变。深部高应力结构性流变大变形巷道围岩具有破碎程度高、松动圈发育范围大的显著特征。与低应力巷道相比，其支护环境特征有了明显不同。一方面，围岩破碎，整体承载能力差，普通锚杆长度处于结构性流变范围内，锚固范围内岩体与锚杆一起被推入巷道内，无法起到相应的锚固效果。另一方面，若没有强护表结构，很多锚杆被拉断或者嵌入围岩内部，锚杆间的活石则向巷道内部挤入，形成网兜或直接冒落。口孜东煤矿−1000m水平121304运输巷道全断面采用杆体强度为700MPa，直径为22mm的高强锚杆配合21.8mm直径锚索支护，仍然无法有效控制巷道发生大变形(图4-44)。数值模拟结果(图4-45)表明，巷道围岩破坏深度已经超出了锚固系统支护范围，巷帮出现锚固体(支护系统)整体挤出流变，即锚固体结构性流变特征。因此，对于深部高应力结构性流变大变形巷道，应该使用强护表构件，增加锚杆长度，减小间排距，充分发挥锚杆支护性能，形成有效的组合控制结构，防止大范围扰动推动浅部承载结构整体挤入，或偏压导致的肩角等局部位置大变形导致的巷道功能失效。

(a) 现场煤帮锚固体整体挤出

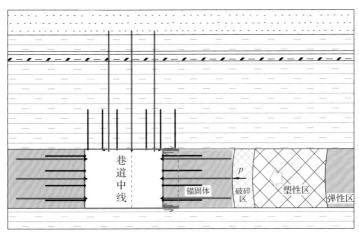

(b) 锚固体整体流变大变形

图 4-44　口孜东煤矿 121304 工作面运输巷道煤帮发生流变大变形破坏

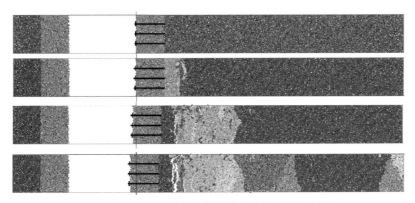

图 4-45　巷道围岩锚固体整体挤出数值模拟结果

参 考 文 献

[1] Jia J L, Yu F H, Tan Y L, et al. Experimental investigations on rheological properties of mudstone in kilometer-deep mine[J]. Advances in Civil Engineering, 2021: 1-12.

[2] 孙钧. 岩石流变力学及其工程应用研究的若干进展[J]. 岩石力学与工程学报, 2007, 26(6): 1081-1106.

[3] 赵同彬. 深部岩石蠕变特性试验及锚固围岩变形机理研究[D]. 青岛: 山东科技大学, 2009.

[4] 郑雨天. 岩石力学的弹塑黏性理论基础[M]. 北京: 煤炭工业出版社, 1988.

[5] 张明璐, 赵同彬, 姚旺. 考虑水压影响的 M-C 准则修正及数值模拟[J]. 山东科技大学学报(自然科学版), 2015, 34(2): 19-24.

[6] 赵同彬, 张玉宝, 谭云亮, 等. 考虑损伤效应深部锚固巷道蠕变破坏模拟分析[J]. 采矿与安全工程学报, 2014, 31(5): 709-715.

[7] 赵同彬, 姜耀东, 张玉宝, 等. 黏弹塑性 BK-MC 锚固模型二次开发及工程应用[J]. 岩土力学, 2014, 35(3): 881-886+895.

[8] 康红普, 姜鹏飞, 黄炳香, 等. 煤矿千米深井巷道围岩支护-改性-卸压协同控制技术[J]. 煤炭学报, 2020, 45(3): 845-864.

[9] 康红普, 姜鹏飞, 杨建威, 等. 煤矿千米深井巷道松软煤体高压锚注-喷浆协同控制技术[J]. 煤炭学报, 2021, 46(3): 747-762.

[10] 康红普, 王国法, 姜鹏飞, 等. 煤矿千米深井围岩控制及智能开采技术构想[J]. 煤炭学报, 2018, 43(7): 1789-1800.

[11] 黄炳香, 张农, 靖洪文, 等. 深井采动巷道围岩流变和结构失稳大变形理论[J]. 煤炭学报, 2020, 45(3): 911-926.

[12] 宣德全. 构造煤应力承载过程中的变形破坏特征实验研究[D]. 焦作: 河南理工大学, 2012.

[13] 宫伟东, 张瑞林, 郭晓洁, 等. 构造煤原煤样制作及渗透性试验研究[J]. 煤炭科学技术, 2017, 45(3): 89-93+122.

[14] 荆升国, 鹿利恒, 江静. 滑动构造区厚煤层巷道锚固结构形成机制研究与应用[J]. 采矿与安全工程学报, 2017, 34(5): 928-932.

[15] 杨双锁. 煤矿回采巷道围岩控制理论探讨[J]. 煤炭学报, 2010, 35(11): 1842-1853.

[16] 康红普, 姜铁明, 高富强. 预应力锚杆支护参数的设计[J]. 煤炭学报, 2008, 33(7): 721-726.

[17] 康红普, 姜鹏飞, 蔡嘉芳. 锚杆支护应力场测试与分析[J]. 煤炭学报, 2014, 39(8): 1521-1529.

[18] 林健, 孙志勇. 锚杆支护金属网力学性能与支护效果实验室研究[J]. 煤炭学报, 2013, 38(9): 1542-1548.

[19] 陆士良, 汤雷, 杨新安. 锚杆锚固力与锚固技术[M]. 北京: 煤炭工业出版社, 1998: 64-66.

[20] 屠世浩, 马文顶, 万志军, 等. 岩层控制的实验方法与实测技术[M]. 徐州: 中国矿业大学出版社, 2010: 10-15+65-76.

[21] 陈坤福. 深部巷道围岩破裂演化过程及其控制机制研究与应用[D]. 徐州: 中国矿业大学, 2009.

第 5 章

深井采动巷道围岩结构失稳
及破坏模式

地下开采过程中，为了形成回采工作面将煤炭采出，需要大量掘进巷道。我国每年煤矿新掘进巷道总长度达数万千米，巷道的围岩稳定状况直接关系到矿井的安全生产和社会经济效益。生产矿井每年新掘的巷道中，采区内的准备巷道和回采巷道占80%以上，这一类巷道大部分开掘在煤层中，巷道两帮和顶底板往往是强度较低的岩体，甚至是松散岩体，对于巷道维护极其不利。另外，临近回采工作面，受回采工作面的采动影响剧烈，且随着矿井开采深度、强度的增加，高应力引起的深部煤巷围岩破坏、动力灾害及其工程稳定问题越来越严重[1-3]。深部巷道与浅部岩石工程的不同显著是：深部巷道围岩在高应力、强卸荷环境下发生变形破裂，成为结构及力学性质更为复杂的破裂岩体，其破裂失稳过程实质上是岩石从连续到非连续、从弹塑性小变形到结构性大变形的过程。煤矿生产地质条件日趋复杂，复杂困难条件下的深部高地应力、强烈采动影响巷道等所占的比例越来越大，导致大量回采巷道处于困难条件，围岩变形量大，支护体失效严重[4-8]，冒顶事故时有发生。虽然专家学者已经对深部煤巷围岩破坏机制做了大量研究，但是仍然没有提出一个合理的深部煤巷围岩破坏模式的分类。本章基于前文煤矿千米深井采动巷道变形特征、偏应力与梯度应力对巷道围岩作用机制及千米深井强采动巷道围岩流变与大变形理论，结合岩体结构分类与现场巷道围岩变形分析深部煤巷围岩破坏特征，将深井采动巷道围岩变形破坏模式总结为3类，分别为张拉破坏型、剪切破坏型及结构破坏型，并进一步通过实验室试验对3种破坏模式进行阐述说明，同时提出相应支护控制对策。

5.1　巷道张拉破坏型失稳

对于我国岩体结构的划分，谷德振教授将其分为块状结构、镶嵌结构、碎裂结构、层状结构、层状碎裂结构和散体结构。钱鸣高院士将煤矿沉积岩划分为整体结构、块状结构、层状结构、碎裂结构和散体结构，并描述了各种类型岩体的结构特征和巷道、洞室的稳定性。孙广忠教授提出岩体是具有一定的成分、一定的结构、赋存于一定地质环境中的地质体，并将岩体分为一级的块裂结构、板裂结构，二级的完整结构、断续结构、碎裂结构和过渡型的散体结构。他们的共同出发点是岩体结构在很大程度上决定了岩体的工程性质，划分依据都是结构面、结构体在岩体内的组合和排列规律，各分类方案之间存在内在联系和重合。针对整体结构而言，巷道围岩整体承载性能较好，稳定性较强，受到强烈压力或加大偏应力作用时易发生劈裂张拉破坏。以往的试验与工程实践同样表明，张拉破坏通常发生在围岩整体性较强或坚硬脆性围岩中，在高应力或偏应力作用下，脆性围岩出现损伤，内部产生微破裂。由于坚硬脆性围岩具有脆性大、断裂韧性低、屈服强度远高于断裂强度及抗压强度远高于抗拉强度等特点，因此在该类巷道围岩条件中初始开挖时出现的破坏常表现为张拉破坏型，如图5-1所示。巷道开挖后，巷道顶板岩体所处的应力状态由三向压缩平衡状态转变为双向压缩，在顶板法线方向上出现拉应力，顶板产生拉应力区。当岩石的抗拉强度小于拉应力时，顶板岩层将会产生张拉裂隙，导致围岩承载能力降低，当围岩应力超过极限强度后，围岩便逐渐破坏[9]，应力亦向深部转移。由此可见，围岩是由浅至深逐渐发生破坏，掘巷后短时间内主要是浅部围岩(可看作直接顶)的张拉破坏，因此巷道开挖后需及时支护，为巷道围岩提供并加强一定的抗拉阻力，以阻止劈裂裂隙扩展，张拉破坏进一步向围岩深处转移。

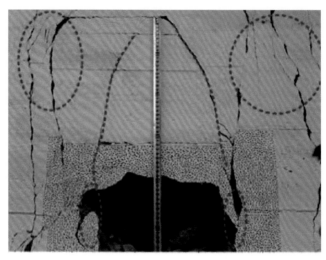

图 5-1　张拉破坏型

5.2　巷道剪切破坏型失稳

煤炭形成年代主要处于石炭系与二叠系，受形成年代的影响，石炭系与二叠系期间岩层多以沉积岩层为主，故煤系地层在一般情况下都由沉积岩组成，这种特点也决定了煤巷层状复合岩体存在的普遍性[10-11]。针对层状结构组合岩体来说，其又可分为以下几种类型：

(1)软岩层状岩体。该类组合体岩性较软弱，结构疏松，裂隙发育不明显，多为地下水活跃带。在一定条件下，该类岩体的层间错动较强烈，可见大量波状剪切光面，其间可分布多层泥化夹层。

(2)硬岩层状岩体。该类岩体岩性较好，强度大，多为石灰岩；岩性单一，主要结构面是层面和裂隙，间距都较大，一般大于1m，裂隙间距可大于几米；裂隙少，但大部分为切割深度十几米，延伸长度达几十米的长大裂隙。岩层中层间剪切也较强烈，表现为光面，难见泥化现象。硬岩中裂隙不仅间距不同，且倾角、走向和倾向均有区别，裂隙的性质和组数也不同。

(3)软硬岩互层岩体。该类岩体软硬岩层相间组合，各层厚度可不等。硬岩层中裂隙的间距一般为几十厘米到2m，裂隙张开，在硬岩层中的优势作用明显。岩层中的裂隙多表现为闭合的隐裂隙，裂隙的优势作用不明显。软岩层中往往发育有泥化夹层。

(4) 软岩夹层体。该类岩体中砂岩等硬岩的厚度为几毫米到 10cm，软岩厚度小于 50cm，岩性多为泥质粉砂岩和粉砂质页岩。软岩层层间剪切错动和泥化现象严重，但裂隙发育不受其限制，裂隙间距大多大于 50cm，切割深度较大，延伸较长。

(5) 硬岩夹层体。该类岩体中软岩层的单层厚度大小不一，岩性软弱，且层面的优势作用不明显。在岩体质量评价时，一般侧重于几层甚至十几层软岩组成的软弱岩层的总体效应。硬岩层的单层厚度一般为几厘米到几十厘米，其厚度小，层数少，在整个组合体中所占的比例很小，往往是几米厚的软岩夹一层几厘米到几十厘米厚的硬岩层。

相对于整体结构岩体而言，层状岩体各组成岩层强度有所差异，整体强度不仅受到软弱岩层的影响，同样受各岩层之间结构发育程度的影响，且因为受各层间结构的切割，导致整体强度较弱，层间黏结力低，层间摩擦力小，节理裂隙较为发育，在深部巷道高水平应力及强偏应力作用下易发生层间滑移错动，岩层中层间剪切强烈，极易发生剪切破坏，如图 5-2 所示。

图 5-2　剪切破坏型

根据现场调研情况来看，张拉破坏型及剪切破坏型通常情况下会同时存在，但分布于巷道围岩不同位置，且破坏的程度与分布位置还受到巷道支护强度的影响。巷道强支护时，巷道围岩主要表现为剪切滑移型结构大变形破坏模式；随着支护强度的增加，锚固结构破坏特征由张拉裂纹为主的脆性破坏向剪切滑移为主的塑性破坏转化。下面将通过一例相似模拟试验进行验证阐述。

试验案例：基于 3D 打印的深井巷道围岩张拉-剪切破坏模式研究。

1. 工程背景

本试验以某深井煤矿巷道为工程背景，巷道老顶为灰白色细砂岩，厚 1.04～19.36m，平均厚度 8.52m，矿物成分以石英、长石为主，含少量暗色矿物，层面含炭质，见炭质条带和菱铁质条带组成似水平层理，钙质胶结，坚硬。直接顶为灰黑色砂质泥岩，厚 0.51～1.79m，平均厚度 0.94m，含砂量分布不均，见黄铁矿斑块，层面含炭质和植物化石，锯齿状断口；直接底为泥岩，厚 0.7～8.0m，平均厚度 3.95m，灰黑色，块状，断口较平坦，含植物化石，见黄铁矿薄膜，局部见砂质泥岩。煤层综合柱状图如图 5-3 所示。巷道断面形状为矩形，采用锚杆索联合支护，根据矿方资料，煤岩层单轴抗压强度如表 5-1 所示。

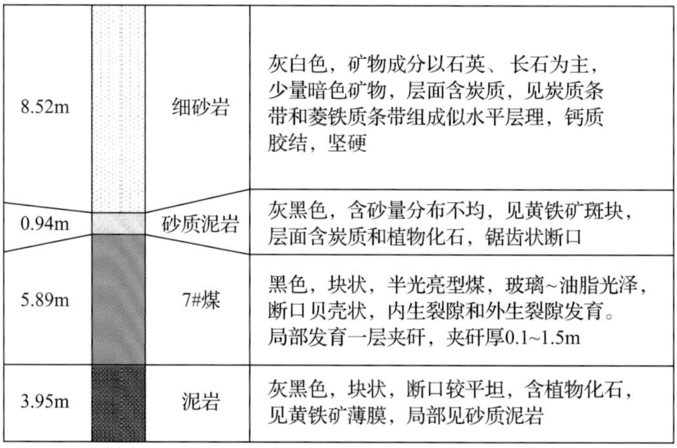

8.52m	细砂岩	灰白色，矿物成分以石英、长石为主，少量暗色矿物，层面含炭质，见炭质条带和菱铁质条带组成似水平层理，钙质胶结，坚硬
0.94m	砂质泥岩	灰黑色，含砂量分布不均，见黄铁矿斑块，层面含炭质和植物化石，锯齿状断口
5.89m	7#煤	黑色，块状，半光亮型煤，玻璃～油脂光泽，断口贝壳状，内生裂隙和外生裂隙发育。局部发育一层夹矸，夹矸厚0.1～1.5m
3.95m	泥岩	灰黑色，块状，断口较平坦，含植物化石，见黄铁矿薄膜，局部见砂质泥岩

图 5-3 煤层综合柱状图

表 5-1 煤岩层单轴抗压强度

煤岩层	泥岩	7#煤	砂质泥岩	细砂岩
单轴抗压强度/MPa	15～25	5～8	22～25	30～40

2. 试验方法

本试验选用中国矿业大学配备的 MTS Landmark 370.50 岩石动静载疲劳试验机，为适应该试验机尺寸要求，设计专门试验工装，如图 5-4 所示。根据煤岩体的不均

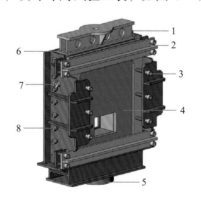

图 5-4 试验工装三维结构

1-上压梁；2-前防护板焊件；3-M16×80 螺钉；4-高强透明亚克力板；
5-底座；6-边活动板；7-起吊螺母；8-M16×40 螺钉

质性和各向异性的特点，该试验工装具有专用的均值轴向引伸计组和环向引伸计，均值轴向引伸计组由两个轴向引伸计在试样的不同点同时进行测量，配合环向引伸计使用，能够使模型在承受动态载荷的全过程中，完整、准确地测量和计算均值轴向应变和环向应变，同时利用放置在模型后方的摄像头录制不同时刻巷道围岩的破坏情况。

相似模拟试验几何相似比为 1∶30。根据工程地质条件所给的煤岩层柱状图，相似模型分泥岩、7#煤、砂质泥岩和细砂岩共 4 层，模型高度设为 500mm，巷道尺寸宽×高为 150mm×100mm；同时，为了减小边界效应的影响，模型总宽度为巷道尺寸的 3 倍，按比例缩小宽度为 450mm，设置模型厚度为 90mm。因此，本次模型的长×高×宽为 450mm×500mm×90mm，其中巷道沿煤层底板掘进。巷道内锚杆索支护的真实间排距也遵循上述相似比，由上述确定模型厚度为 90mm，可设置 3 排支护。其中，锚索安设于中间一排，原始锚杆尺寸为 $\phi 22mm×2500mm$，缩尺锚杆的直径为 0.75mm，长度为 83.4mm；测量托盘实际尺寸为 150mm×150mm×10mm，缩尺托盘的尺寸为 5mm×5mm×0.3mm；原始锚杆的钻孔内径为 30mm，缩小后钻孔的直径为 1.0mm；钢筋梯子梁尺寸为 $\phi 12mm$ 圆钢×1900mm，等比例缩小后的尺寸为 $\phi 0.4mm$ 圆钢×63.4mm；缩尺锚杆的螺母对应为标准 M1 规格螺母。试验所用支护体均使用 3D 打印完成，材质选用不锈钢，具体步骤如下：将真实锚杆数据文件导入 iSLM280 3D 打印机(图 5-5)中，经过 3D Magics 数据处理软件针对锚杆的工艺特点获得最优的激光参数、铺粉参数及扫描路径。计算机控制系统控制光纤激光器，利用激光融化技术将金属粉末在成型缸内通过层层累计的方式打印整个零件，整个打印过程处于惰性保护气体环境之中，以防止金属粉末在高温条件下与空气中的氧气等气体发生反应，从而影响最终打印强度。根据相似比最终打印出锚杆、锚索、钢筋梯子梁、托盘等支护构件，如图 5-6 所示。

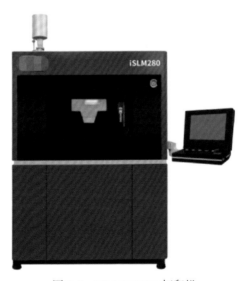

图 5-5　iSLM280 3D 打印机

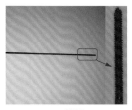

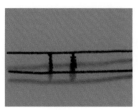
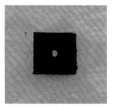

| (a) 锚杆 | (b) 锚索 | (c) 钢筋梯子梁 | (d) 托盘 |

图 5-6　3D 打印支护体

根据确定的不同强度水泥配比浇筑相似模型，计算出各岩层所需的水泥、沙子、石子及水的质量，并乘以富余系数 1.1，具体参数如表 5-2 所示。

表 5-2　煤岩层水泥砂浆配比

水泥强度等级	岩层	体积/m³	水泥/kg	水/kg	沙子/kg	石子/kg
32.5（R）	泥岩	0.0045	1.8	0.8325	2.925	5.31
32.5（R）	7#煤	0.0088	1.056	1.276	5.37	—
32.5（R）	砂质泥岩	0.0014	0.672	0.252	0.812	1.722
42.5（R）	细砂岩	0.0077	3.696	1.386	4.389	9.355

根据表 5-2 不同强度水泥砂浆的配比，按照泥岩、7#煤、砂质泥岩及细砂岩逐层浇筑，其浇筑高度分别为 100mm、196mm、32mm、172mm，模型总高度合计500mm，层与层之间铺设云母粉用以分层。为防止浇筑时不同煤岩层之间的水泥浆液相互渗透影响各自强度，设置每层浇筑间隔时间为 12h。模型浇筑安装完成后如图 5-7 所示。

图 5-7　模型浇筑安装完成

3. 巷道张拉-剪切破坏特征

本次试验共分为6次加载：第1次加载行程为0～380kN，用于模拟煤矿巷道开挖后第一次来压，设置加载速率为1mm/min；第2～4次加载行程分别为337～380kN、357～380kN、367～441kN，设置加载速率为3mm/min。第2～4次试验均是在上次加载到达阈值，MTS试验机卸载一部分力后继续设置加载，第5～6次加载行程为0～445kN，加载速率为3mm/min。本次试验加载行程总耗时合计为2069s，巷道原始状态如图5-8所示。

图5-8　巷道原始状态

在第1次加载过程中，根据视频分析可知，在0～230s，巷道内部基本无可见宏观破坏；加载至234s时，巷道左帮(后视情形下)开始出现轻微的鼓起、片裂现象，位置位于相邻支护构件中间区域，同时右帮(后视情形下)肩角处也开始出现鼓起现象；至393s时，左帮的片裂和鼓起加剧；随着模型所受荷载不断增大，至444s附近，右帮开始出现片裂，而此时左帮片裂的小碎块已经开始脱落；至597s附近，右帮鼓起的位置也逐渐开始发生片裂脱落现象，顶板也发生下沉；随着时间的持续，右帮肩角处开始出现崩落现象(615s)，而后左帮的变形破坏进一步加剧直至大面积鼓出，锚杆与托盘开始陷入煤岩体之中，巷道顶板弯曲下沉明显，两帮下方掉落的大小不一的块体越来越多，如图5-9所示。

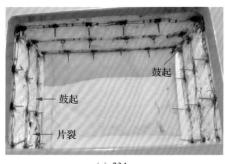 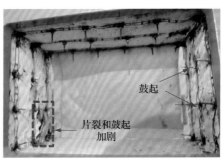

(a) 234s　　　　　　　　　　　　　　　(b) 393s

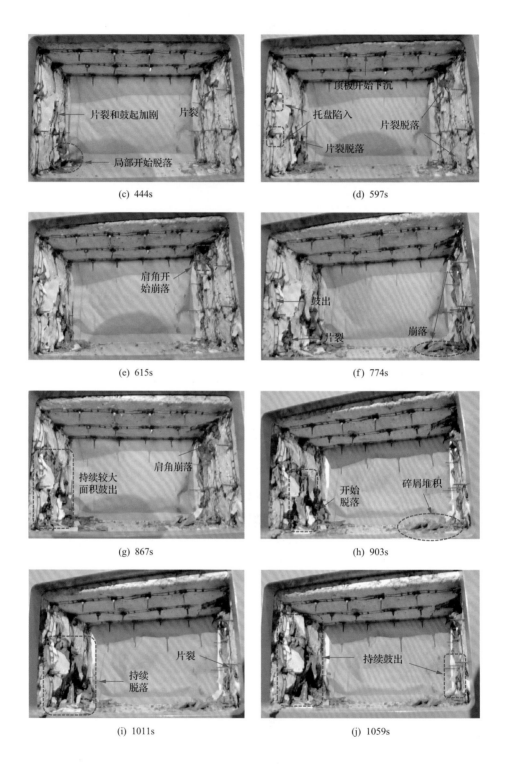

(c) 444s

(d) 597s

(e) 615s

(f) 774s

(g) 867s

(h) 903s

(i) 1011s

(j) 1059s

(k) 1116s   (l) 1140s

(m) 1850s   (n) 2050s

图 5-9　巷道内围岩及支护系统不同时刻变形破坏实照

从图 5-9 可以看出，第 2～3 次加载过程中巷道内部并未发生大的变形破坏；第 4 次加载时前期巷道内部也没有明显大的破坏，在 1450s～1600s 附近，巷道的肩角有进一步的明显破坏现象；第 5～6 次加载过程中，两帮的片裂和鼓出增多，肩角处持续发生破坏。

试验结束后，近距离拍摄的巷道两帮的变形破坏如图 5-10 所示。总体上，巷道左帮发生了严重变形，其完整性被完全破坏，出现严重的鼓出、片帮；巷道右帮的破坏程度相对左帮来说稍小一些，但是整体破坏严重。顶板方面发生整体性弯曲下沉，除了肩角位置发生的剧烈破坏(该位置应力集中)外，顶板的完整性相对较好。锚杆等支护构件方面，两帮的钢筋梯子梁均发生严重的 V 型、U 型及复合型破坏；

图 5-10　巷道两帮变形破坏实照

两帮锚杆构件被埋入破碎岩体中，但是仍然紧紧压覆在钢筋梯子梁之上，说明模型受力破坏时锚杆将破坏的煤层与稳定的煤层相连，阻止破坏的煤层向巷道内部移动，这与真实煤巷帮部锚杆的作用机理吻合。顶板支护构件相对完好，未见明显的损伤失效。

由于采用高强度透明亚克力板贴合模型的正面，因此试验结束后模型内部的破坏特征仍然保留了下来，图 5-11 所示为试验结束后相似模型整体形貌及破坏分区。以原始的巷道边界（150mm×100mm）为参照，在经过多次加载模拟煤巷多次来压后，巷道两帮均出现不同程度的变形破坏。巷道左右两帮为拉伸破坏主导区，距离左右两帮约 50mm 范围内为破碎区域，该区域的煤岩体已经处于松散状态。拉伸破坏主导区的主要诱因是巷道顶板受到载荷后，两帮受压产生拉伸破坏，从而使巷道两帮产生鼓出、片帮，锚杆、托盘等支护构件陷入煤岩体。

图 5-11　相似模型整体形貌及破坏分区

巷道顶板左右肩窝位置由于应力集中，其主要破坏形式为剪切破坏，内部裂隙极度发育，围岩破碎程度较高。该区域主要分为裂隙高度发育区和剪切破坏主导区。巷道底板的肩角由于应力集中产生的剪切破坏也出现较大裂隙，其直径最大约为3mm（按 1∶30 比例计算，真实情况裂隙直径下可达 90mm）。从该相似物理模型的整体性角度出发，可以看出巷道的两帮对整个巷道的稳定起到了关键的支撑性作用，两帮的"煤体"在缩尺锚杆支护的作用下将承受的巨大压力转为"煤体"内部的拉力，这从巷道内部破坏情形中出现的锚杆受拉力陷入"煤体"内部的失效形貌中也可判别出来[12-14]。因此，巷道两帮主要以拉伸破坏为主。同时，受到两帮的支撑性作用和顶板的下沉效应，巷道肩角"煤岩体"区域承受较大的竖向剪切效应，从而导致区域内部诱发裂隙高度发育扩展，最终形成裂隙高度发育区和剪切破坏主导区。

巷道顶板上方主要分为下沉区(煤层范围内)、裂隙缓和区(煤层与砂岩泥质范围内)及围岩稳定区(细砂岩范围内),其位置分别位于顶板上方 0~60mm、60~130mm、130~200mm。由于顶板设有锚杆、锚索及钢筋梯子梁联合支护,且中间一排支护两根长锚索的端头位置锚固在强度较高岩层较厚的细砂岩区域,因此顶板虽然出现整体弯曲下沉,但是其完整性较好。在下沉区分布有部分裂隙,贯穿至顶板,但是裂隙分布不密集,且裂隙均不大。这些破碎性的结构在锚杆索的加固效应下仍能够保持一种松散的整体性结构。

从整体上看,围岩裂隙的分布主要以巷道两侧受拉伸和剪切作用下的竖向裂隙及巷道顶板的部分斜穿裂隙和水平裂隙为主。其中,竖向裂隙的分布集中区域为巷道左帮和两帮左右肩窝区域;顶板上方的斜穿裂隙与水平裂隙的分布区域并不集中,多在巷道顶板的上方。

5.3　巷道结构破坏型失稳

5.3.1　碎裂围岩结构破坏型失稳

近年来,可深刻揭示锚固作用机制并得到广泛应用的围岩强度强化理论将锚固体看作一种锚固复合材料,认为锚杆的力学本质是提高锚固体的黏聚力、弹性模量,减小泊松比,改善了锚固体力学状态,一定程度上认为锚杆径向及切向锚固力均匀作用于锚固围岩,趋于将锚网支护的锚固作用均匀化。这在锚固体不产生局部剧烈变形破坏的硬岩条件下分析锚固作用机制是成立的,但对软煤岩巷道围岩易流变导致锚杆间煤体产生极不均匀变形破坏的情况未给予合理解释。实际上,对锚固支护应力场的模拟和实测研究表明,锚杆锚固力在距离锚杆极近范围内较大,随着距离增大锚固力将急剧减小,在锚固围岩中形成的支护应力场分布极不均匀[15-19]。因此,针对极松散构造煤层强度低、易流变的特点,分析锚网支护作用时,应根据锚固力传递范围和围岩得到支护阻力的方式,试分锚固直接作用区和锚固非直接作用区来分别考虑锚网支护对岩体的不同加固作用,其具体分区如图 5-12 所示。锚固直接作用区是受锚杆轴向及切向锚固力直接作用的区域,主要影响因素为锚杆直径、长度、预紧力、材质、强度、刚度及相关参数;锚固非直接作用区是指因锚杆附属构件将锚杆托锚力扩散而得到支护的那部分岩体,主要影响因素为托盘、钢带、金属网等附属构件的参数。同时,保持锚固非直接作用区围岩的完整性对发挥锚网支护的本质作用非常重要,一旦围岩流变,围岩的整体强度和承载能力将会急剧降低,锚杆的支护效果受到严重影响,这也揭示了两区相互作用和影响的关系[19-21]。

非均匀的围岩载荷作用在非等强的支护体上,锚固非直接作用区极易产生局部过载,成为围岩变形的突破口,继而产生非均匀大变形,导致锚固直接作用区承载能力不断弱化,围岩应力不断向深部转移,最终导致支护结构整体失稳。也就是说,其失效模式为锚固非直接作用区岩体首先失稳,进而引起锚固直接作用区破坏。因

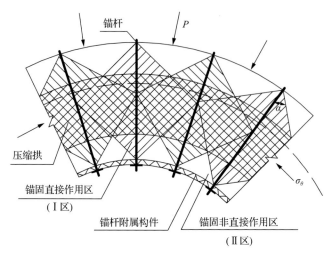

图 5-12　锚固分区作用原理

P 为地压；σ_θ 为围压

此，要有效控制极松散滑动构造煤层巷道围岩不均匀大变形，应在保证直接作用区锚固效果的同时，更注重护表构件与极松散围岩的作用（锚固非直接作用区的支护效果）及护表构件与锚杆之间的耦合作用（锚固非直接作用区与锚固直接作用区的耦合效果）。此外，当锚杆长度、材质及杆径确定后，锚杆预应力对支护效果起决定性作用，锚杆预紧力也是现场施工最需要得到保证的支护参数。所以，试验中以锚杆预紧力作为影响锚固直接作用区锚固效果的最重要因素，以护表网片作为影响锚固非直接作用区支护效果的关键因素。鉴于焊接钢筋网易开裂且连网质量难以保证，其提供的护表力远远低于其极限承载力，而钢筋编织网实际护表能力与其相当，但编织网利用率高达 78.4%～90.0%，故现场及试验中护表网片优先选择编织网与小网孔钢塑网。

对于碎裂及散体结构而言，巷道浅部围岩承载性能差，此时如果浅部围岩与锚杆、锚索或钢棚等支护构件组成的复合承载结构提供的支护阻力足够大，承载区围岩在该支护阻力条件下所拥有的抗剪/抗滑强度大于承载区围岩滑动的驱动力，那么围岩停止滑动，巷道则处于稳定状态；相反，若浅部围岩承载结构发生变形卸荷，约束围压水平降低，则巷道围岩切向应力峰值向围岩深部迁移，寻求新的承载区域。但当巷道进入深部开采后，松动圈发育厚度达 2～4m，有的甚至达到 5～7m，而锚杆支护结构的控制范围一般为 2～3m，虽然杆体强度很高，浅部围岩中的锚固体因锚固作用层裂不明显，但锚固体以里的煤岩体产生竖向层裂扩容，且承载区围岩剪切滑动对浅部层裂围岩产生向巷道内的驱动力。随着时间的延长，扩容与驱动力导致浅部锚固体出现结构体滑移，其组成的承载结构发生了整体性的挤入，无法有效控制深部围岩结构性流变。深部高应力结构性流变大变形巷道围岩具有破碎程度高、松动圈发育范围大的显著特征。

与低应力巷道相比，高应力破碎围岩巷道支护环境特征有了明显不同。一方面，围岩破碎整体承载能力差，普通锚杆长度处于结构性流变范围内，锚固范围内岩体与锚杆一起被推入巷道内，无法起到相应的锚固效果，甚至很多锚杆被拉断或者嵌入围岩内部，锚杆间的活石则向巷道内部挤入，形成网兜或直接冒落，造成巷道围岩结构性破坏；另一方面，若没有强护表结构，很多锚杆被拉断或者嵌入围岩内部，锚杆间的活石则向巷道内部挤入，形成网兜或直接冒落，造成巷道围岩结构性破坏，如图 5-13 所示。

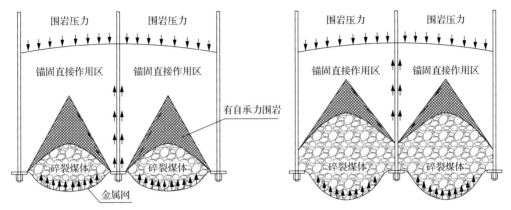

图 5-13　结构性破坏

1. 大比例尺真三维锚固试验系统

大比例尺真三维锚固试验系统主要包括中国矿业大学 10 000kN 多功能岩层控制试验系统的竖向主加载系统及其操控台、固定于竖向加载系统顶部的 3 组独立加载系统及其操控台、可行走 XP2CEM-1000 试验液压机工作台、可分离辅助系统及其控制台，如图 5-14 所示。本次试验锚固体模型净尺寸为 0.8m×2.0m×0.8m，小于原有实验台箱体内 1.4m×2.8m×1.8m 的空间，因而试验以原有实验台作为反力架，在此基础上加工了内侧限位板和顶部承压板，并浇筑了试验台基座。

巷道开挖后，围岩应力发生变化，沿巷道断面周向应力为最大主应力。试验由顶部 3 组液压千斤顶组成的独立加载系统加载，其最大加载能力达 7500kN，可模拟帮部不同深度围岩的应力，三位置铅垂方向的应力分别记为 z_i、z_{ii}、z_{iii}。沿巷道轴向的应力为中间主应力，沿巷道径向的应力为最小主应力，巷道开挖前由可分离辅助系统油缸提供，开挖后则由锚网支护提供。试验加载主要包括整体加载和分步独立加载两部分，加载过程为：首先以分级加载形式对模型进行竖向加载，直至达到原岩应力水平；然后分离辅助系统模拟巷道开挖并进行支护，之后根据掘巷和采动影响过程中巷道围岩应力变化规律，由模型顶部独立加载系统逐步加载。

2. 试验材料选择及步骤

根据新郑煤电 12205 工作面运输巷地质条件建立模型，尺寸为 160m×56m×30m，模型下边界为固定边界，侧面为位移边界，上边界为应力边界。根据地应力实测结果确定施加到模型上边界的垂直应力为 6.8MPa，初始应力场中沿煤层倾向水

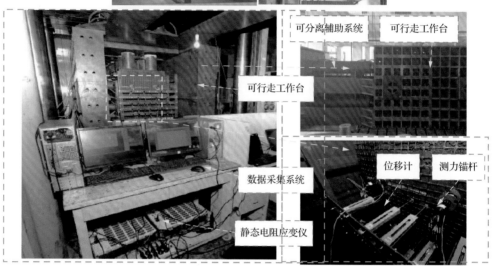

图 5-14 大比例尺真三维锚固试验系统

平应力 σ_{XX} = 5.1MPa，沿煤层走向水平应力 σ_{YY} = 8.5MPa。其中，巷道断面尺寸为 5m×3.5m，锚杆规格为 ϕ20mm×2400mm，间排距为 800mm×800mm；顶板锚索规格为 ϕ17.8mm×6200mm，间排距为 2 200mm×800mm，按"三二三"布置。在 $Y=$ 20.4m 巷道断面右帮对应位置布设 3 组应力监测点，监测巷道掘进过程中不同深度围岩应力的变化情况。模拟掘进过程中加载油压变化曲线如图 5-15 所示，通过调节油压对模型进行逐级加载。

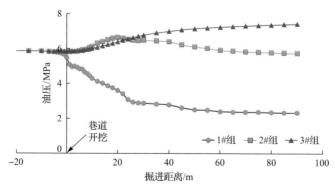

图 5-15 模拟掘进过程中加载油压变化曲线

试验采用压实型相似材料，选择粉碎的原煤作为骨料，保证材料的级配合理。基于原煤强度低、易变形的特点，选择能起迅速成型和提高强度作用的石膏作为胶结剂，并选择凡士林作为另一种胶结剂，模拟塑性变形量大、强度低的特性，与石膏共同作用形成复合胶结剂，总体控制相似材料的力学性能。通过正交试验及试样力学参数测试，并结合煤体破坏特征，最终选定材料质量配比为煤粉∶石膏∶凡士林∶水∶碳酸钙 = 82.3∶8.2∶3.5∶4∶2。实际工程中，直径为 20mm 的锚杆轴向锚固力范围为 80～150kN，预紧力为 20～40kN。因测力锚杆加工时需要对杆体进行铣槽并对称粘贴应变片，因此模型中锚杆采用直径为 12mm 的螺纹钢加工。当尾部仅安装一个螺母时，经拉拔测试，其螺纹滑丝时的拉力达到 25～32kN，能满足试验的应力相似条件。配套的锚杆托盘为直径 75mm、厚度 5mm 的圆形钢板。

该试验主要包括以下几步：

(1)按照试验材料用量分别进行称重、搅拌，加入凡士林和水的混合物(50～60℃)后，再迅速搅拌均匀。模型分 40 层碾压成型，每层进行材料铺设、边界处理、在标定位置设置层理面和预埋应力传感器等操作。

(2)模型养护 5～7 天后，完成数据采集仪的连接和调试，采用分级加载方法对模型进行竖向加载。每次在施加下一级载荷之前保证模型铅垂方向位移变化值小于 0.1mm/min，直至加载到原岩应力水平后，按照图 5-15 中巷道开挖前的应力变化过程调节模型顶部载荷，同时采集数据。

(3)对模型进行卸载并分离辅助系统，依次打开模型前表面、挂网、取出钻杆、安装测力锚杆、安装位移计。将位移计、测力锚杆及锚杆荷重传感器引线连接到电阻应变仪上，并进行调试。

(4)通过分级加载恢复开挖初始时刻的应力场，根据图 5-15 中巷道开挖后的应力变化过程调节模型顶部施加的载荷，实时监测和记录所有数据。

(5)待掘进影响结束后，继续对模型进行分级加载，模拟采动应力影响过程，直至达到最大应力值。待围岩位移量和锚杆受力稳定后，停止数据采集，对模型进行卸载。

3. 锚固体变形与应力特征分析

1)锚固体变形特征分析

试验得到锚杆作用后巷道围岩表面位移的空间-时间规律，如图 5-16 所示。图 5-16 中，Ⅰ阶段为加载初始应力场，Ⅱ阶段为模拟掘巷影响过程，Ⅲ阶段为模拟采动影响过程。为更清晰、直观地表达 4 根锚杆之间巷道围岩表面不同阶段的位移分布特征，建立了以巷道围岩表面中心为坐标原点，以巷道轴向(模型水平方向)为 x 轴，以巷道断面周向方向(模型铅垂方向)为 y 轴的坐标系，z 方向为位移量(单位为 mm)。例如，1#锚杆、1#位移计在 x-y 平面内的坐标分别为(-200mm，200mm)(-200mm，100mm)。将试验数据导入 Matlab 软件，运算出锚杆之间围岩表面位移的等值线图，如图 5-17 所示。试验中锚固围岩体的控制效果如图 5-18 所示。

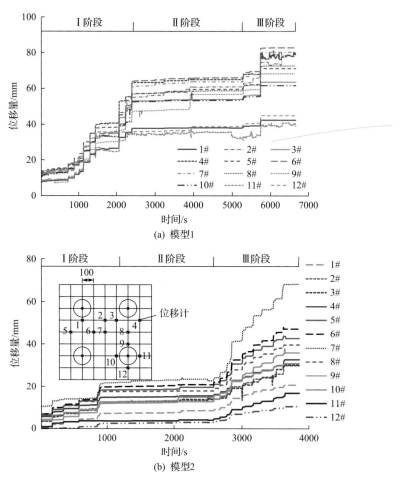

(a) 模型1

(b) 模型2

图 5-16 巷道围岩表面位移的时间-空间规律

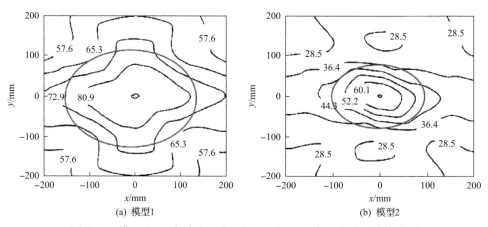

(a) 模型1

(b) 模型2

图 5-17 模型 1、2 中采动影响后锚杆之间围岩表面位移的等值线图

通过对比分析，得出以下几点结论：

（1）掘进影响阶段，巷道围岩表面位移量累计达 5～10mm，仅占总位移量的 5.7%～14.6%。这说明掘进影响下巷道围岩表面总体变形量相对较小。

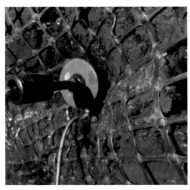 

(a) 模型1　　　　　　　　　　　(b) 模型2

图 5-18　2 种围岩控制条件对围岩的控制效果

(2)受采动影响后(图 5-16 中的Ⅲ阶段),巷道围岩由塑性变形迅速进入强烈大变形破坏阶段,模型 2 正中位置 7#测点的位移量由 22.6mm 剧增到 68.3mm,采动影响作用下围岩变形量约占总量的 66.9%。这主要是因为采动影响作用下巷道破坏程度增加,尤其模型中心区域为锚固非直接作用区,围岩对应力的反应最为敏感,随着应力不断增加,其变形量迅速增大,最终模型中心形成似"蝶形"或"锥形"的突出变形区域(图 5-17),说明锚固非直接作用区为锚网支护作用的薄弱区。对比图 5-17(a)和(b)可见,锚固作用较差条件下巷道围岩表面极不均匀大变形的范围明显大于模型 2,这主要是由于模型 2 中护表强度和刚度较大,使得较高的锚杆预应力有效扩散,锚固非直接作用区得到支护应力作用的范围更大,围岩出现大变形的范围减小。

(3)模型 1 中巷道围岩产生较大变形,位移量达 42.3～88.3mm(平均为 65.3mm),模型 2 中则为 20.6～68.3mm(平均为 44.45mm),巷道围岩整体位移量减少了 31.9%。另外,对比图 5-18 中两试验模型的变形破坏特征可见,在采动应力作用下,模型 1 中锚杆周围煤体不断破碎、鼓出,产生了强烈的剪切流变破坏;模型 2 中围岩完整性较好。这说明低强度破碎煤体在较高的锚杆预紧力及护表强度下其完整性保持良好,围岩稳定性明显提高。

2)锚固体的应力分布情况

将每个应变计测得的 6 个应变值 x、y、z 与 $xy(45°)$、$xz(45°)$、$yz(45°)$ 代入围岩内部应力的测算公式,求出锚固围岩内部某一点的 3 个主应力。由于试验中监测的数据量较大,因此需要借助 Matlab 软件按照测算公式进行编程和计算处理。选取失效较少的121#～127#应变计监测的数据来分析巷道不同深度围岩在掘进和采动影响下的应力变化规律。

(1)结合图 5-19 中 121#～127#应变块所监测应力变化规律可见:①在掘进影响下,模型 1 中距离巷道围岩表面 82cm(对应原型围岩深度为 1.64m)范围内围岩径向和切向应力表现为不同程度的降低(皆相对于巷道开挖初始时刻围岩应力场),且由浅及深应力降低程度不断减小，其中 22cm 深处(对应原型围岩深度为 0.44m)最大降低程度达 68.2%；1.64m 左右深度范围内围岩应力基本保持恒定；大于 1.64m 范围的围岩在掘进影响阶段其应力小幅度增大，越往围岩深处应力增加幅度越大。模型 2 中 172cm 深处(对应原型围岩深度为 3.44m)围岩径向和切向应力在掘进影响结束时分别增大 12.5%和 10.3%。因此，掘进影响作用下围岩应力总体变化规律是：巷道围岩应力不断向深部转移，浅部围岩应力逐渐降低。这主要是由于在巷道开挖扰动作用下，围岩应力向深部转移，而松散围岩得到支护后产生了应力松弛效应，浅部围岩应力继续降低，导致应力进一步向深部转移。②采动影响过程中围岩应力则不断增大，该阶段围岩径向、切向应力增大量为 0.11~0.41MPa，其中深部围岩应力增加量大于浅部。这是由于浅部围岩在掘进及采动应力作用下已产生不同程度的破坏，其承载能力远小于深部围岩。

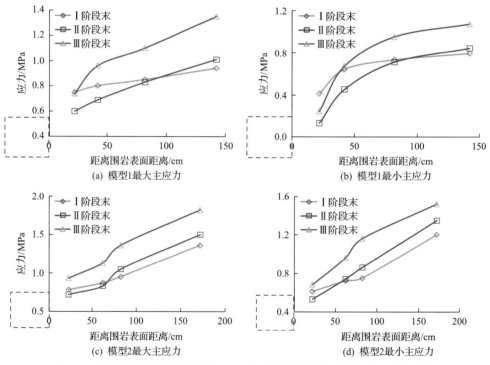

图 5-19　掘进和采动影响下模型 1、2 中不同深度巷道围岩主应力变化规律

(2)对比掘进和采动影响下模型 1 与 2 中相同深度围岩应力大小，分析可知：①第 2 种锚固条件下(模型 2)围岩应力普遍高于第 1 种条件下的，应力相对提升了 21.1%~307.7%，尤其浅部围岩应力提升明显。模型 2 中 22cm 深处围岩径向应力是模型 1 中的 3.07 倍，这说明在围岩松散破碎条件下，提高锚网支护的预应力和护表强度可以直接有效地提升巷道浅部围岩的应力水平。②掘进影响下，第 2 种锚固作用条件下浅部(1.64m 以外)围岩应力降低程度相对于第 1 种条件减小。例如，模型 1 中 22cm 深度处围岩径向应力降低 0.28MPa，模型 2 中降低 0.08MPa。另外，围岩最

小主应力出现降低的范围由 0～0.82cm 减少到 0～0.62cm，说明较好的锚固作用条件有利于保持松散围岩的完整性，减小浅部围岩应力降低程度，保持围岩的自承载能力。③采动影响稳定后，锚固作用较好的模型 2 中围岩应力水平增加量相比模型 1 提升 25.0%～51.8%，这说明松散围岩在较好的锚固作用条件下其承载能力相对较强，经受采动影响后围岩稳定性较好。

5.3.2　动载结构破坏型失稳

此外，还存在一类瞬间结构型破坏模式，是指突然受到强动载压力，整体结构瞬间破坏。

试验案例：动载作用下深井巷道结构性破坏试验研究

1. 试验方法及步骤

本次相似试验针对深井巷道动载作用下不同锚固厚度围岩整体结构性破坏开展研究，采用中国矿业大学煤炭资源与安全开采国家重点实验室的大型相似模拟试验系统，该模型尺寸为宽度×高度×厚度=2.5m×1.2m×0.2m，按照几何相似比 1：20 计算，可以模拟煤系地层尺寸为宽度×高度×厚度=50m×24m×4m。

模型的边界条件：左右边界水平位移约束，下边界位移约束，上边界使用气压泵模拟地应力场。

模型应力环境根据某矿 21205 运输巷赋存条件进行设计，开采煤层为 2-1 煤，埋深为 620m。该层位原岩应力为 15.5MPa，模型上方边界实际原岩应力为 15.2MPa，根据应力相似比 1000：33，试验模型上方地应力场为 0.5MPa。煤系地层分布和巷道布置如图 5-20 所示，2-1 煤层顶、底板的岩层赋存见图 5-20 右侧柱状图，在煤层共布置 3 条相同的巷道，巷道宽度×高度均为 270mm×160mm，相邻巷道间隔 420mm，两侧巷道留设 425mm 大煤柱，以防止应力干扰和保证边界相似。考虑到煤系地层中节理、层理、裂隙的广泛存在，为了反映现场实际状况，将煤系地层分多层进行铺设。

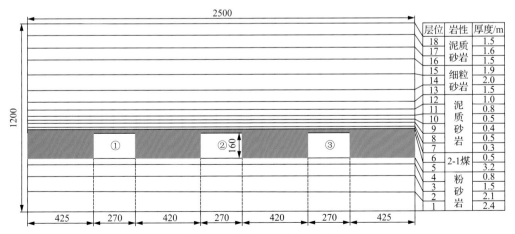

图 5-20　煤系地层分布和巷道布置(单位：mm)

　　巷道①～③顶板分别采用长锚索短锚杆组合支护、短锚杆单一支护和柔性长锚杆单一支护，巷道煤帮均采用短锚杆支护，具体支护参数如图 5-21 所示。从图 5-21 中可以看出，按照几何相似比计算，巷道①锚索长度 L 为 300mm，间排距为 75mm×120mm；锚杆长度为 100mm，间排距为 40mm×120mm。巷道②锚杆长度 L 为 100mm，间排距为 40mm×60mm。巷道③柔性锚杆长度 L 为 200mm，间排距为 60mm×60mm。

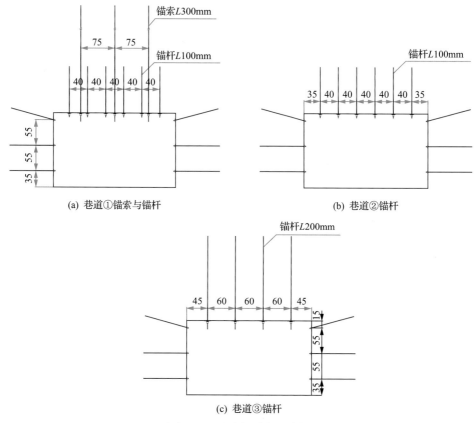

图 5-21　试验巷道支护参数

　　试验模型上方模拟地应力为 0.5MPa。采用空气压缩机为模型上方气缸提供气体，而气体压缩产生的压力能可以引导气缸内活塞在缸内进行直线往复运动，进而通过调节空气压缩机气体排放量给相似模型提供一个动态可调的加载压力，最大给模型提供 1.2MPa 的压力。待相似模型准备完毕后，采取渐进加压方式对模型施加初始地应力场，对模型逐渐施加 0.1～1.1MPa 压力，每次加载间隔 20min，梯度 0.1MPa，主要让相似模型充分受载，模型最终稳定在 1.1MPa。

2. 试验结果分析

　　图 5-22 为渐进加载下各巷道围岩破坏特征，通过对比各巷道失稳过程，可以分析不同支护系统下顶板围岩破坏模式。

图 5-22（a）为 0.5MPa 载荷下相似模型的变形特征。从图 5-22（a）中可以看出，3个巷道均没有出现明显变形；由放大图像进一步可得，顶板未出现裂隙扩展。

(a) 0.5MPa

(b) 0.6MPa

(c) 0.7MPa

(d) 0.8MPa

(e) 0.9MPa

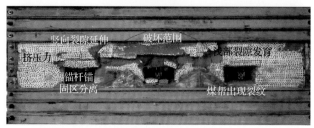

(f) 1.0MPa

(g) 1.1MPa

图 5-22　渐进加载下各巷道围岩破坏特征

由图 5-22(b)可得，当加载载荷为 0.6MPa 时，短锚杆支护巷道②顶煤出现了弯曲下沉，未发现裂隙演化现象；两侧的巷道①和巷道③没有发生明显变形。

由图 5-22(c)可得，当加载载荷为 0.7MPa 时，巷道②两侧肩角位置出现了宏观裂隙，由于顶煤的下沉使其与煤帮肩角产生挤压力，造成该位置煤体先发生损伤破坏；锚杆锚索支护巷道①顶板出现微小下沉，但未产生离层；柔性锚杆支护巷道③仍无明显变化。

由图 5-22(d)可得，当加载载荷为 0.8MPa 时，巷道②围岩裂隙发育异常剧烈，不仅产生倾斜裂隙和横向离层，而且在压力作用下巷道肩角处倾斜裂隙与离层相交并相互贯通；离层位置大致位于锚杆锚固区尾部区域，这一区域属于锚杆与围岩间的拉应力区，属于弱面，容易在载荷下产生裂隙。巷道①顶煤与直接顶之间产生横向裂隙。巷道③仅出现微小变形，并未发现明显裂隙扩展。

由图 5-22(e)可得，当加载载荷为 0.9MPa 时，巷道②发生结构性大变形，进而引发更大范围围岩层发生失稳；此时巷道①浅部裂隙已向深部延伸，而裂隙都存在于锚杆锚固区内；巷道③仍未发生明显变形。

由图 5-22(f)可得，当加载载荷为 1.0MPa 时，巷道②锚杆锚固区进一步发生脱落。巷道①锚杆锚固区整体与其直接顶岩层发生分离，造成锚杆支护全部失效，此时锚索仅起到悬吊锚杆锚固区的作用，得不到有效的承载；并且，直接顶围岩中竖向裂隙也进一步向深部延伸，存在结构性大变形乃至垮冒的风险。此时巷道③有了明显的变形，主要集中在两个位置，一是浅部顶煤裂隙发育明显，且与煤帮交接的位置存在明显的压痕；二是煤帮中裂纹出现了贯通。

由图 5-22(g)可得，当加载载荷为 1.1MPa 时，巷道①深部围岩出现下沉，形成"梯形"整体性垮塌。巷道③由于帮部煤体被压碎，出现垮帮，进而带动顶板及锚固结构出现整体结构性下沉，说明了柔性长锚固构建的厚层锚固结构稳定可靠，即使顶板整体性下沉，岩层仍能相对完整，巷道中存在足够多的生存空间，保证了工作人员的安全。

图 5-23 为巷道①破坏过程的局部特征。从图 5-23(a)和(d)可以看出，当加载载荷为 0.5MPa 时，巷道围岩比较完整，且顶板平整度非常高。从图 5-23(b)可以看出，当加载载荷达到 1.0MPa 时，锚杆锚固区与上覆岩层出现分离，且锚固区内存在多条横纵交错的裂隙；同时，在锚杆锚固区外，已有纵向裂隙向上延伸，最深处已达锚索尾部区域，发生了整体结构性破坏，此时锚索承载性能面临失效。从图 5-23(c)可以看出，当加载载荷达到 1.1MPa 时，锚杆锚固区已完全垮塌，结合图 5-23(e)和(f)可得，在挤压力作用下巷道顶板发生弯曲下沉，顶板与煤帮间的夹角被挤压成45°。从图 5-23(f)可以看出，锚索杆体已被外漏出来，中间出现悬空，证明了锚索仅起到悬吊锚杆锚固区的作用。其破坏大致分为以下过程：先是顶煤裂隙萌生，之后顶煤与煤帮接触的肩角出现倾斜裂隙，随着锚固区横纵裂隙的贯通，导致锚杆锚

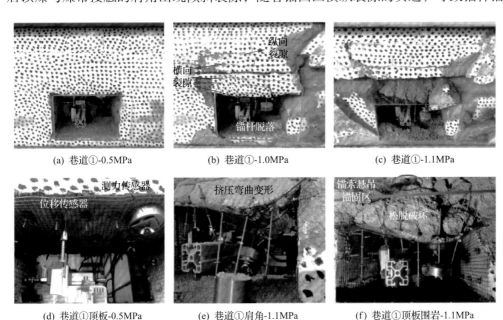

(a) 巷道①-0.5MPa　　(b) 巷道①-1.0MPa　　(c) 巷道①-1.1MPa

(d) 巷道①顶板-0.5MPa　　(e) 巷道①肩角-1.1MPa　　(f) 巷道①顶板围岩-1.1MPa

图 5-23　巷道①破坏过程的局部特征

固区出现整体结构性下沉，最后在水平压力作用下发生松脱型垮冒，此时裂隙已经扩展至锚杆锚固区以外岩层中，形成"梯形"裂隙区。

图 5-24 为巷道②破坏过程的局部特征。从图 5-24（a）和（d）可得，当加载载荷为 0.5MPa 时，巷道围岩和顶板下沉量非常小。从图 5-24（b）可得，当加载载荷为 0.8MPa 时，顶煤与煤帮接触的左侧肩角区域倾斜裂隙发育剧烈，并且锚杆锚固区范围内出现多条横向裂隙，顶板围岩趋向恶化。从图 5-24（c）和（f）可得，当加载载荷为 0.9MPa 时，锚杆锚固区与深部围岩发生分离，进一步演化成整体结构性破坏，且锚杆锚固区上方岩层也形成大量的纵向裂隙；结合图 5-24（e）可以看出，顶板沿着煤帮被整体切落。其破坏大致分为以下过程：顶煤裂隙最先萌生，然后顶煤中的裂隙很容易扩展到整个锚杆锚固区，同时巷道两个肩角处的裂隙均向上发育，左侧形成的是倾斜裂隙，右侧形成的是垂直裂隙，最后在水平压力作用下，锚杆锚固区发生结构性破坏直至跨冒，此时裂隙已向锚杆锚固区外发生扩展，形成大范围"弧形"裂隙区。

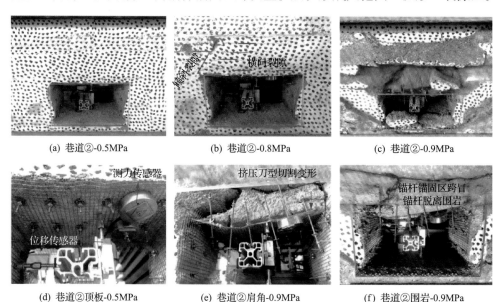

(a) 巷道②-0.5MPa (b) 巷道②-0.8MPa (c) 巷道②-0.9MPa

(d) 巷道②顶板-0.5MPa (e) 巷道②肩角-0.9MPa (f) 巷道②围岩-0.9MPa

图 5-24 巷道②破坏过程的局部特征

图 5-25 为巷道③破坏过程的局部特征。从图 5-25（a）和（d）可得，当加载载荷为 0.5MPa 时，巷道围岩和顶板几乎未发生变形。从图 5-25（b）可得，当加载载荷为 1.0MPa 时，巷道顶板浅部发生变形并有了裂隙扩展。由于煤体强度较低，此时煤帮也出现裂隙发育。从图 5-25（c）和（f）可得，当加载载荷为 1.1MPa 时，巷道顶板各岩层间层理已经出现，且在顶板有了交错裂隙的贯通。结合图 5-25（e）可以看出，煤体被压碎，煤帮被挤出，两侧煤帮均呈倾斜变形，造成顶板出现结构性下沉。其破坏分为以下过程：高载荷下顶煤出现裂隙扩展，并向直接顶发生延伸，与此同时，煤帮裂隙剧烈发育，最后巷道发生垮帮，引起顶板整体结构性破坏。其中，顶板岩层仅出现层理，仍能保持较高的完整性。

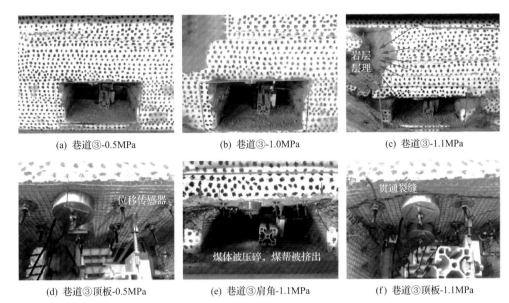

(a) 巷道③-0.5MPa   (b) 巷道③-1.0MPa   (c) 巷道③-1.1MPa

(d) 巷道③顶板-0.5MPa   (e) 巷道③肩角-1.1MPa   (f) 巷道③顶板-1.1MPa

图 5-25　巷道③破坏过程的局部特征

图 5-26 为强动载下两个巷道围岩的破坏特征。从图 5-26 中可以看出,两个巷道破坏特征具有明显的差异。对于巷道①来说,在瞬时强载荷作用下,顶板短锚杆形成的薄层锚固结构瞬间出现结构性破坏,顶板以深的区域垮冒范围更大。对于巷道②来说,在强载荷作用下,煤帮被瞬时压垮,顶板围岩出现整体弯曲下沉;进一步发现,顶板锚杆锚固区出现多条横纵裂隙,围岩呈"扇形"下沉特征,深部围岩变形量相对较小。

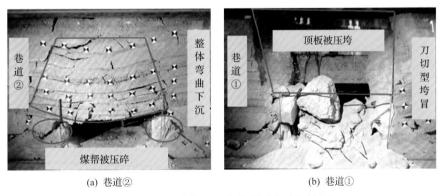

(a) 巷道②   (b) 巷道①

图 5-26　强动载下两个巷道围岩破坏特征

由图 5-27 进一步分析可得,锚固层厚度决定了顶板承载结构,进而影响巷道破坏方式。高强长锚杆形成顶板厚层锚固结构,可以调动更广范围岩体参与承载,共同抵抗较强荷载,即使发生垮帮,顶板围岩仍能有效承载,为巷道保留足够的安全空间;而短锚杆形成的薄层锚固结构承载能力较弱,仅影响小范围岩体参与承载,锚固层厚度不够,在动载或长时强载荷状态下易发生结构性垮冒破坏或结构性流变破坏[25-26]。由此说明，当顶板构建成厚层锚固结构后，将充分调动大范围岩体形成大承载圈，显著提高锚固层的刚度，使其具有更强的抗动载能力及抗结构性破坏能力。

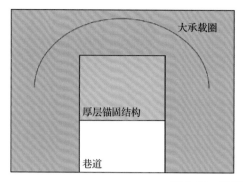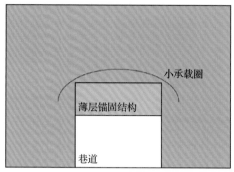

图 5-27　顶板不同承载结构

5.4　支　护　对　策

针对深部矿井采动巷道围岩不同破坏类型模式，分析现场变形监测，提出以下相应支护控制对策。

对于张拉型破坏而言，围岩在高地应力及采动偏应力作用下，纵向裂隙发育，顶板完整度遭到较大破坏。因此，对该种破坏类型，首先应调整巷道围岩应力环境，降低偏应力及应力梯度，辅助以高阻支护为巷道围岩提供抗力，消除拉应力区，实现顶板应力的连续传递，减少巷道围岩纵向裂隙发育，避免因发生张拉破坏的围岩失去承载能力，张拉破坏进一步向深处转移，最终造成巷道失稳。

对于剪切型破坏来说，主要是层状岩体在水平应力作用下，岩层之间发生滑移错动，围岩整体性降低，层间黏结性减弱，甚至导致层间离层垮冒。该种破坏模式的控制原则应为抗剪阻滑并提高结构稳定性，利用高强锚杆配合全长锚固提高锚固结构乃至整体围岩结构的抗剪、抗滑性能，尽量减小层间滑移错动，保证围岩自稳承载性能。

结构型破坏通常发生在深部强动压或松散软弱围岩体中，一般表现为瞬间结构型破坏或围岩长时结构性流变。瞬间结构型破坏是指突然受到强动载，整体结构瞬间破坏。针对此种情况应提前做好卸压措施，保证围岩应力环境，并辅以高阻让压支护联合控制。围岩长时结构性流变破坏的原因可以总结为以下两个方面：①围岩破碎整体承载能力差，普通锚杆长度处于结构性流变范围内，锚固范围内岩体与锚杆一起被推入巷道内，无法起到相应的锚固效果；②由于护表阻力小，锚杆间的煤体变形得不到有效控制，进而引起巷道围岩应力向围岩深部转移，导致锚杆的握裹力不断下降，从而引起锚杆锚固力降低并造成锚固系统整体渐进失效，形成网兜或直接冒落。所以，针对结构型流变破坏巷道围岩控制，应提高锚杆长度，增加锚固层厚度，穿过围岩松动圈，扩大直接作用区锚固范围，增强锚杆强度与支护阻力，减小间排距，充分发挥锚杆支护性能，保证直接作用区锚固效果；同时使用强护表构件，注重护表构件与松散围岩的作用及护表构件与锚杆之间的耦合作用，形成有效的组合控制结构，防止大范围扰动推动浅部承载结构整体挤入，或偏压导致的肩角等局部位置大变形导致的巷道功能失效。

参 考 文 献

[1] 张农, 陈红, 陈瑶. 千米深井高地压软岩巷道沿空留巷工程案例[J]. 煤炭学报, 2015, 40(3): 494-501.

[2] 康红普, 范明建, 高富强, 等. 超千米深井巷道围岩变形特征与支护技术[J]. 岩石力学与工程学报, 2015, 34(11): 2227-2241.

[3] 何满潮, 吕晓俭, 景海河. 深部工程围岩特性及非线性动态力学设计理念[J]. 岩石力学与工程学报, 2002, 21(8).

[4] 李学华, 姚强岭, 张农. 软岩巷道破裂特征与分阶段分区域控制研究[J]. 中国矿业大学学报, 2009, 38(5): 16-21.

[5] 黄兴, 乔正. 朱集矿深井软岩巷道大变形机制及其控制研究[J]. 岩土力学, 2012, 33(3): 827-834.

[6] 陆士良, 付国彬. 采动巷道岩体变形与锚杆锚固力变化规律[J]. 中国矿业大学学报, 1999, 28(3): 201-203.

[7] 张百胜, 杨双锁, 康立勋, 等. 极近距离煤层回采巷道合理位置确定方法探讨[J]. 岩石力学与工程学报, 2008(1): 97-101.

[8] 杨双锁. 煤矿回采巷道围岩控制理论探讨[J]. 煤炭学报, 2010, 35(11): 1842-1853.

[9] 李世平. 岩石力学简明教程[M]. 徐州: 中国矿业大学出版社, 1986.

[10] 蔡美峰, 何满潮, 刘东燕. 岩石力学与工程[M]. 北京: 科学出版社, 2002.

[11] Barton N, Grimstad E. Rock mass conditions dictate choice between NMT and NATM[J]. Tunnels & Tunnelling International, 1994, 26(3): 135A.

[12] Farmer I W. Stress distribution along a resin grouted rock anchor[J]. International Journal of Rock Mechanics & Mining Sciences & Geomechanics Abstracts, 1975, 12(11): 347-351.

[13] Rabcewicz L V. The new Austrian tunnelling method[J]. Water Power, 1965(4): 19-24.

[14] 高明仕, 张农, 窦林名, 等. 基于能量平衡理论的冲击矿压巷道支护参数研究[J]. 中国矿业大学学报, 2007(4): 426-430.

[15] 赵震, 唐炳涛, 阮雪榆. 一种基于能量理论的板料成形反向模拟初始域计算方法[J]. 塑性工程学报, 2007, 14(3): 45-48.

[16] Aydan O. The Stabilization of Rock Engineering Structure by Bolts[M]. Rotterd: A. A. Balkema, 1989.

[17] 郑雨天. 岩石力学的弹塑黏性理论基础[M]. 北京: 煤炭工业出版社, 1988.

[18] 陆家梁. 松软岩层中永久洞室的联合支护方法[J]. 岩土工程学报, 1986, 8(5): 50-57.

[19] 董方庭, 宋宏伟, 郭志宏, 等. 巷道围岩松动圈支护理论[J]. 煤炭学报, 1994(1): 21-32.

[20] 何满潮, 高尔新. 软岩巷道耦合支护力学原理及其应用[J]. 水文地质工程地质, 1998(2): 1-4.

[21] 何满潮. 中国煤矿锚杆支护理论与实践[M]. 北京: 科学出版社, 2004.

[22] Brown E T, Bray J W, Ladanyi B, et al. Characteristic line calculations for rock tunnels[J]. J. Geotech. Eng. Div. Am. Soc. Civ. Eng, 1983, 109: 15-39.

[23] 王悦汉, 陆士良. 顶部卸压法维护软岩硐室[J]. 矿山压力与顶板管理, 1992(2): 4-8.

[24] 王襄禹, 柏建彪, 李伟. 高应力软岩巷道全断面松动卸压技术研究[J]. 采矿与安全工程学报, 2008(1): 37-40+45.

[25] 侯朝炯, 勾攀峰. 巷道锚杆支护围岩强度强化机理研究[J]. 岩石力学与工程学报, 2000(3): 342-345.

[26] 柏建彪, 侯朝炯. 深部巷道围岩控制原理与应用研究[J]. 中国矿业大学学报, 2006(2): 145-148.

第 6 章

工 程 实 践

6.1　西部深井大断面煤巷顶板张拉破坏控制实践

6.1.1　工程地质条件及评估

1. 工程地质条件

门克庆煤矿设计生产能力为 12Mt/a，立井单水平开拓，现阶段主采煤层为 3-1 煤，煤层埋深为 721～725.8m，煤层厚度为 4.25～5.4m，平均厚度为 4.78m，煤层倾角为 1°～4°，平均为 2°。3-1 煤层直接顶为粉砂岩，厚度在 0～7.95m，平均厚度为 2.26m，岩层为灰色，厚层状，粉砂状结构，含云母及植化，波状及平行层理，裂隙较发育；老顶为中砂岩，厚度在 7.10～28.08m，平均厚度为 19.79m，岩层为灰白色，巨厚层状，中～细粒砂状结构，石英、长石为主，含暗色岩屑，夹煤线，具均匀层理，泥质填隙，半坚硬。煤层直接底为粉砂岩，平均厚度为 9.93m，岩层为浅灰色，巨厚层状，粉砂状结构；老底为中砂岩，平均厚度为 21.24m。其煤(岩)层综合柱状图如图 6-1 所示。

地层	标尺	层厚/m	柱状图	层号	岩石名称	岩性描述
延安组 J2y	700	1.23~31.11 / 9.44		6	砂质泥岩	灰色，块状，厚层状，泥质结构，含云母及植化，水平纹理及平行层理，断口参差，半坚硬
	710 / 720	0~28.8 / 19.79		7	中细砂岩	灰白色，巨厚层状，中-细粒砂状结构，石英、长石为主，含暗色岩屑，夹煤线，分选中等，具均匀层理，泥质填隙，半坚硬
		0~7.95 / 2.26		8	粉砂岩	灰色，厚层状，粉砂状结构，含云母及植化，波状及平行层理，与下伏层明显接触
	730	4.25~5.4 / 4.78		9	3-1煤	黑色，条痕黑褐色，暗煤为主，含亮煤条带，块状构造，条带状结构，断口参差，下部含黄铁矿结核，暗淡型。局部发育一层厚0~0.36m泥岩夹矸
	740	4.71~15.93 / 9.39		10	粉砂岩	浅灰色，具厚层状，粉砂状结构，含云母，均匀及波状层理，半坚硬
	750	0~0.36 / 0.15		11	煤	黑色，含丝炭，半暗型
	760	11.97~30.18 / 21.24		12	中细砂岩	灰白色，居厚层状，中-细粒砂状结构，石英、长石为主，含暗色岩屑，均匀层理，泥质胶结

图 6-1　11-3108 工作面煤(岩)层综合柱状图

进行工业性试验的巷道为 11-3108 工作面带式输送机巷。11-3108 工作面标高为 579.2～584m，平均标高为 580.93m，工作面走向长度为 5660m，倾向长度为 280m，煤层平均厚度为 4.78m，整体建构简单。11-3108 工作面东侧为平行布设的 11-3109 工作面（尚未掘进），北侧井田边界与葫芦素矿 5 采区毗邻（尚未开采），西侧同水平无设计巷道，南侧为 3-1 煤辅运大巷，四周均无采动影响。

11-3108 工作面井田内第四系松散层广泛分布，厚度较大，没有基岩裸露。11-3108 工作面带式输送机巷的顶、底板条件还需进一步观察。煤层结构简单。

据三维物探资料显示，11-3108 工作面胶带运输巷里程 4881m 附近有一落差 0～3m 的正断层 F1，断层倾向为 187°，倾角为 70°。

三维物探资料及钻探资料显示，工作面内煤层近水平分布，预测倾角在 1°～4°，工作面无陷落柱、岩浆岩侵入体。

根据实际掘进过程中的揭露情况，地质构造可能比预期复杂。

2. 原有支护方案

11-3108 工作面带式输送机巷设计长度为 6300m，采用改造后的掘锚机施工，设计巷道宽 5.4m，设计巷道高 3.6m，顶板留存 1200mm 左右的顶煤，施工坡度沿 3-1 煤层底板掘进。采用山特维克 MB670/266 型掘锚机一次成巷掘进。

11-3108 工作面带式输送机巷为矩形断面，锚杆采用 ϕ20mm×2300mm 无纵筋螺纹钢锚杆，配合锚索、金属网进行永久支护并且顶部加钢筋梯。

锚杆规格为：顶锚杆为 ϕ20mm×2300mm，非回采侧锚杆为 ϕ20mm×2300mm，锚杆托盘规格为 150mm×150mm×10mm，Q235 钢；回采侧锚杆采用玻璃钢材料杆体，锚杆规格为 ϕ27mm×2300mm，锚杆托盘采用配套的玻璃钢锚杆盘；顶部金属网规格为 ϕ6.5mm×3400mm×1100mm，非回采侧金属网规格为 ϕ6.5mm×3400mm×1100mm，回采侧采用钢塑复合网；每根锚杆均使用 2 根树脂锚固剂，一根为 MSK2350 型，一根为 MSCK2350 型，锚杆扭矩力不小于 100N·m，锚固力不低于 50kN。

顶板锚杆间排距为 1000mm×1000mm，每排 6 根，每排两端顶锚杆距巷帮 200mm。锚索使用 ϕ21.8mm×6300mm 钢绞线锚索，锚索托盘规格为 300mm×300mm×12mm Q235 钢；每根锚索使用 3 根 MSK2350 型树脂锚固剂锚固，锚索预紧力为 120～230kN。每排布置 2 根，垂直巷道中线平行布置，锚索间排距为 2400mm×3000mm。

帮部锚杆间排距为 1000mm×1000mm（片帮时可以补打锚杆），每帮每排分别支护 4 根，垂直巷帮布置，帮部顶端锚杆距巷道顶板 300mm，帮部底端锚杆距离巷道掘进底板 300mm。如遇片帮情况，托盘不能紧贴岩面，需用洋镐将岩面打平，在托盘下垫木托盘，使木托盘紧贴岩面。

抹角处顶板支护除与主体巷道顶板支护一致外，还需补打锚索加强支护。

原有巷道支护具体参数如图 6-2 所示。

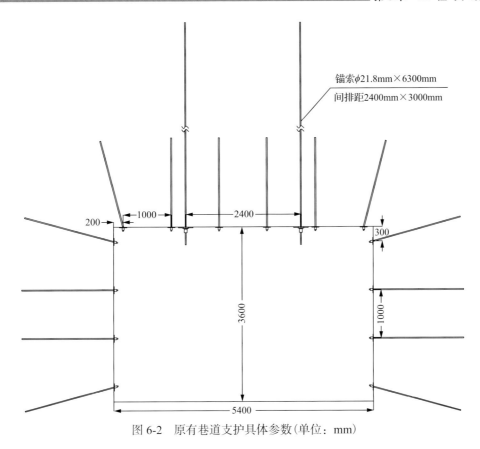

锚索φ21.8mm×6300mm

间排距2400mm×3000mm

图 6-2　原有巷道支护具体参数(单位: mm)

3. 施工设备机具

本次试验巷道 11-3108 工作面带式输送机巷拟采用山特维克 MB670/266 型掘锚机一次成巷掘进。掘进工作面煤炭的破、落、装及巷道的支护均由 MB670/266 掘锚机完成,由 LY2000/980-10 型连运一号车和 DSJ100/8/2*160 胶带输送机完成运煤工序,以及防爆无轨胶轮车完成材料及小型设备的运送、搬移,装载机配合人工清浮煤。

113108 工作面带式输送机巷设计巷宽为 5400mm,设计高度为 3600mm,MB670 掘锚机一次成巷掘进,掘锚机正常掘进时每 1000mm 为一循环。

4. 顶板破坏因素分析

巷道开挖后,巷道顶板岩体所处的应力状态由三向压缩平衡状态转变为双向压缩,在顶板法线方向上出现拉应力。当岩石的抗拉强度小于拉应力时,顶板岩层将会产生裂隙,导致围岩承载能力降低,当围岩应力超过极限强度后,围岩便逐渐破坏,应力也向深部转移。由此可见,围岩是由浅至深逐渐发生破坏的,掘巷后短时间内主要是浅部围岩(可看作直接顶)的破坏,同时临时支护的作用主要是防止空顶区冒顶及直接顶下沉量过大,对深部围岩的控制作用较小。因此,直接顶是掘巷期间空顶区顶板围岩控制的关键。

煤体中开掘巷道后，在岩体应力调整过程中，顶板会朝向自由面方向发生挠曲变形，当多个岩层之间的挠曲变形量不一致时，就会产生离层。事实上，顶板垮冒源于离层，而离层则源于变形。因此，控制顶板垮冒，就需从控制顶板变形开始。连续梁理论的核心思想就是控制顶板的挠曲变形，避免垮冒失稳，实现巷道顶板安全。

离层阻隔应力传递，使顶板出现断续（不连续）。而在离层空间的阻断作用下，应力必然向离层两侧区域转移，这又诱导离层进一步向尖端优势方向扩展。这是顶板变形失稳乃至煤帮承载恶化的根源。

连续梁是相对不连续梁提出的概念，指巷道顶板在水平、垂向两个方向上形成的能够传递连续应力的稳态岩梁。在顶板赋存条件相对简单、岩层强度较高的情况下，巷道宽度上的连续很容易满足，而实现竖直方向上的连续则需要考虑锚杆的支护作用。连续梁理论认为，锚固层的厚度和锚杆预紧力的大小对顶板稳定性具有决定性的作用，当锚固层厚度和预紧力大到一定程度时，锚杆长度范围内特别是锚杆预紧力有效范围内的顶板离层将得到有效控制。连续梁基本变形或只发生很小变形，但可能会发生整体下沉。由于离层被极大限制，因此顶板的安全性可以得到保障。

连续梁理论旨在通过预应力锚杆在顶板形成足够厚度的锚固岩梁，消除离层，避免两类失稳，实现本层内、多层间的双向联动。

连续梁理论的要点在于对锚杆施加较大的预紧力，以充分利用岩层间的协调变形来维护顶板稳定性。连续梁顶板的存在在一定程度上保护着顶板，使顶板岩层处于三向压缩状态，免受高应力的破坏。连续梁理论认为，锚杆的作用在于给顶板提供很高的初撑力以形成连续顶板，连续梁顶板本身形成了一个压力自承结构。连续梁可消除拉应力区，实现顶板应力的连续传递，顶板整体性、结构性强，未形成连续梁的顶板常发生不均匀变形，裂隙离层，拉伸破坏。顶板是否形成连续梁支护效果对比如图6-3所示。

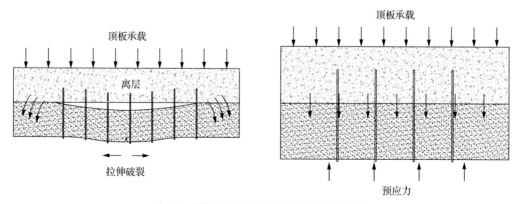

图6-3　顶板是否形成连续梁支护效果对比

6.1.2 巷道支护方案设计

1. 巷道支护方案

1）顶板支护

顶板采用 ϕ21.8mm×4000mm 柔性锚杆压钢筋网支护，每排布置 4 根，排距为 1200mm（开始试验），经历 1300～1500mm（最终）；每根柔性锚杆搭配 1 节 CK2370 型和 1 节 Z2370 型树脂药卷、1 块 300m×300mm×16mm 拱形钢托盘、1 个 KM22 型锁具；ϕ6.5mm 钢筋网规格为 5.4m×1.6m，网孔不大于 100mm×100mm；使用 ϕ28mm 钻头，外露 150mm（尾端至锁具）或 300mm（尾端至岩面）；预拉力不小于 200kN。巷道支护方案如图 6-4 所示。

2）煤帮支护

帮部非回采侧选用 ϕ20mm×2300mm 右旋等强螺纹钢锚杆＋ϕ6.5mm 钢筋网（规格为 3.4m×1.6m），回采侧采用 ϕ27mm×2300mm 玻璃钢锚杆支护＋网孔规格为 50mm×50mm 的矿用双抗塑料网支护。两帮每排 4 根锚杆，间距不等，排距为 1500mm。每根锚杆使用 1 节 CK 2370 树脂药卷，纵向铺设 1 片网片，帮网上部与顶网搭接不小于 200mm，锚杆必须打到压茬处，搭接部位每隔 200mm 三花迈步绑扎，用 14#铁丝双股扭结，不少于三扣。

2. 中部驱动硐室支护方案

11-3108 工作面带式输送机中部驱动硐室的支护方案如下：

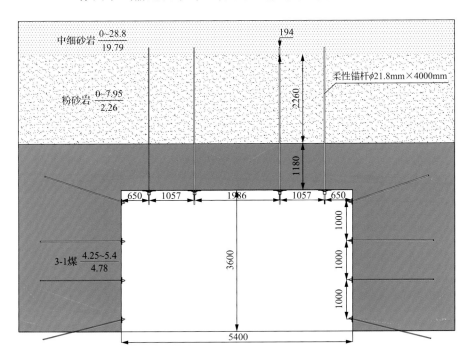

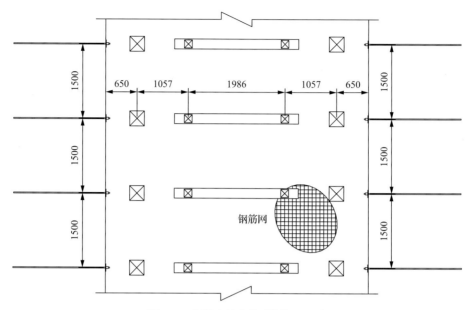

图 6-4 巷道支护方案(单位：mm)

1)顶板支护

顶板采用锚网支护，具体参数如图 6-5 所示。支护排距以 1.2m 为主，局部排距为 1.1m 或 1.3m。

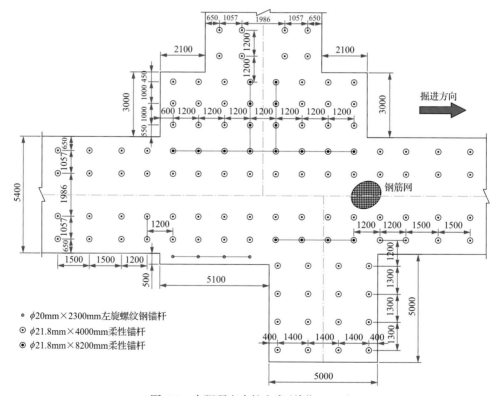

∘ φ20mm×2300mm左旋螺纹钢锚杆
⊙ φ21.8mm×4000mm柔性锚杆
◉ φ21.8mm×8200mm柔性锚杆

图 6-5 中驱硐室支护方案(单位：mm)

2）煤帮支护

煤帮采用锚网支护，支护材料为$\phi 20mm \times 2300mm$ 右旋等强螺纹钢锚杆+$\phi 6.5mm$ 钢筋网或$\phi 27mm \times 2300mm$ 玻璃钢锚杆+网孔规格为$50mm \times 50mm$ 的矿用双抗塑料网支护。

当巷道高度为3.6m时，继续采用原方案支护；当巷道高度为5.0m时，支护间排距不大于$800mm \times 800mm$，肩角和底角锚杆距离顶板或底板不超过400mm。

其余材料规格和施工要求与原方案相同。

3. 特殊条件下的技术保障

根据11-3108工作面主回风巷已揭露的情况，该巷道的特殊地段主要包括煤层变薄地段、断层构造地段。

(1)煤层变薄地段。

煤层变薄地段继续采用大锚杆技术方案。

(2)断层构造地段。

断层构造地段需对支护设计进行相应调整。由于断层破碎区围岩相对破碎，空顶和空帮自稳面积小，因此调整的重点在于降低支护间排距，减少支护盲区，提高护表性能。

加固区域应超过断层构造段5m以上。

(1)顶板支护。顶板采用$\phi 21.8mm \times 4000mm$ 柔性锚杆压$\phi 6mm$ 钢筋网支护，每排布置6根，间距960mm，排距900mm；预拉力不小于200kN。

(2)实体煤帮(非回采侧)支护。帮部非回采侧选用$\phi 20mm \times 2200mm$ 右旋等强螺纹钢锚杆+$3700mm \times 1100mm$ 菱形金属网支护。每排4根锚杆，间距850mm，排距900mm。

(3)回采帮支护。帮部回采侧采用$\phi 27mm \times 2000mm$ 玻璃钢锚杆支护+$3700mm \times 1300mm$ 煤矿井下用双抗塑料网支护。每排4根锚杆，间距850mm，排距900mm。

断层构造地段具体支护参数如图6-6所示。

6.1.3 矿压监测与效果分析

1. 巷道表面位移监测

3108主运输巷采用十字断面法记录顶板及两帮的收敛情况。测站1位于巷道里程2188m处，测站2位于巷道里程2294.2m处，测站3位于巷道里程2435m处，测站4位于巷道里程2639m处，测站5位于巷道里程2682m处，测站6位于巷道里程2720m处，测站7位于巷道里程2792m处，测站8位于巷道里程2838m处，测站9位于巷道里程3100m处。巷道收敛数据如图6-7所示。

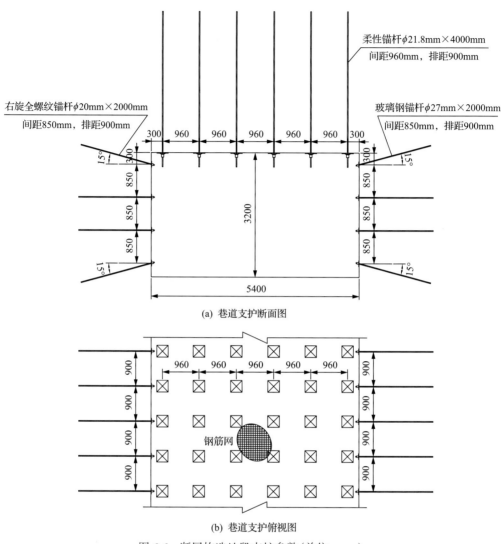

(a) 巷道支护断面图

(b) 巷道支护俯视图

图 6-6　断层构造地段支护参数(单位：mm)

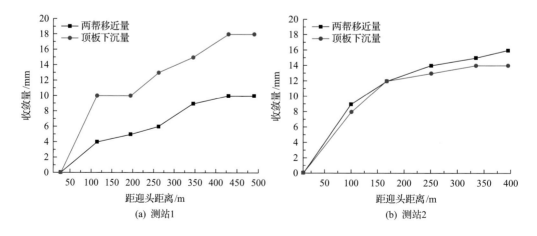

(a) 测站1

(b) 测站2

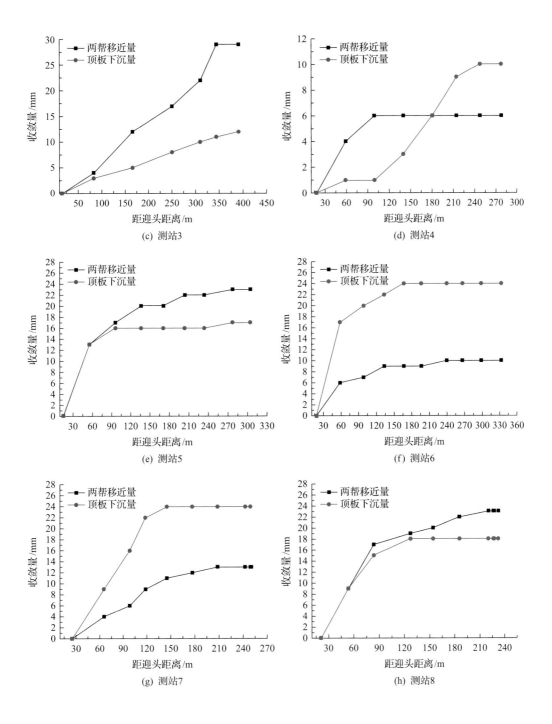

(c) 测站3

(d) 测站4

(e) 测站5

(f) 测站6

(g) 测站7

(h) 测站8

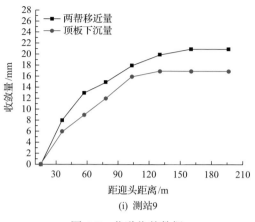

(i) 测站9

图 6-7   巷道收敛数据

由图 6-7 可得，距掘进迎头 60m 范围内，顶板下沉量增长较快，基本呈现出线性增长趋势。当距离迎头 100m 之后，顶板下沉速度明显变小，变形量逐渐趋于稳定。其中，测站 1、2、3、4、5、8、9 顶板下沉量均小于 20mm，测站 3 所处区域顶板相对破碎，顶板下沉量较大，顶板较不稳定。距掘进迎头 150m 范围内，两帮移近量基本呈线性增长；距迎头 150m 之后，两帮趋于稳定。测站 3、5、8 稳定时两帮移近量超过 20mm，其余测站稳定时两帮移近量小于 20mm。

2. 顶板钻孔窥视

1）1.2m 排距钻孔窥视

窥视点 KZ2-1 位于 3108 主运巷顶板中部 1691m 处，处于大锚杆实施的第 2 排与第 3 排之间，距掘进迎头 90.6m，处于扰动趋于稳定阶段，钻孔孔深 10m。本次窥视采用武汉天宸伟业物探科技有限公司 ZKXG30 矿用钻孔窥视仪进行检测，观测到的钻孔内岩层裂隙及破碎情况如图 6-8 所示。

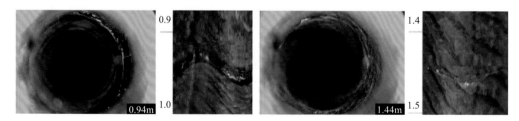

图 6-8   KZ2-1 钻孔内岩层裂隙及破碎情况

窥视显示，在 0.94m 处为煤岩分界面，说明巷道顶煤厚度为 0.94m；在顶板 1.44m 处存在一处疑似裂隙。钻孔内没有发现其他裂隙，没有明显破碎和离层。

从窥视结果来看，尽管受构造影响，但顶板支护效果良好，围岩的裂隙和离层发育较小，处在锚网索有效控制范围内。由于钻孔位置距原支护方案 3m，受两种支护形式影响，因此还不能反映大锚杆的支护效果。接下来项目组将结合顶板情况及时对其他区域顶板进行窥视，准确把握巷道顶板支护效果，为下一阶段试验提供支撑。

2）1.5m 排距钻孔窥视

大锚杆排距 1.5m 试验于 2017 年 9 月 3 日开始，在试验期间，通过钻孔窥视对巷道顶板离层及裂隙发育等进行观测，报告如下。

9 月 8 号科研团队对快速掘进巷道距离迎头 110m 内进行了首次现场钻孔窥视。巷道顶板 4 个钻孔的位置布置在 3108 主运输巷 2140m、2190m、2225m、2235m 处，距迎头距离为 110m、60m、25m、15m，以验证大锚杆实施方案的支护效果。钻孔直径为 30mm，其中 2 号钻孔深度为 5m，其余钻孔深度为 10m。

钻孔窥视仪观测围岩内部破坏情况时，仪器会记录探头所在的深度位置，并对视频信号进行图像录像、匹配拼接等处理。随着探头不断向孔内行进，整个孔壁就自动匹配拼接成一幅完整的平面展开图。

KZ5-1 钻孔位于顶板中部距离迎头 110m 处。KZ5-1 钻孔所处位置巷道顶板完好，未出现离层，该钻孔深度为 10m。

窥视显示，在 1.26m 处为煤岩分界面，说明巷道顶煤厚度为 1.26m；在顶板 1.61m 处存在一处疑似裂隙。钻孔内没有发现其他裂隙，没有明显破碎和离层。KZ5-1 钻孔裂隙及煤岩分界面如图 6-9 所示。

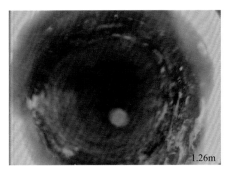 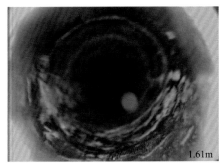

图 6-9 KZ5-1 钻孔裂隙及煤岩分界面

从窥视结果来看，尽管该区域附近存在探水硐室影响，但顶板支护效果良好，围岩的裂隙和离层发育较小，处在锚网索有效控制范围内。

3. 锚杆支护阻力监测

3108 主运输巷大锚杆支护阻力监测采用尤洛卡公司生产的 MCS-400 矿用本安型锚杆(索)测力计及其配套的 FCH2G/1 矿用本安型手持采集仪对顶板大锚杆的预拉力和工作阻力进行监测。大锚杆 1.2～1.5m 排距安设顶板测力计 23 个，编号为 3～25，损坏及失效 2 个，分别为 17 号与 22 号。其中，1.2m 排距从 1688m～1855m，包括 3～11 号测力计；1.3m 排距从 1855m～2010m，包括 12～15 号测力计；1.4m 排距从 2010m～2095m，为 16 号测力计；17～25 号测力计位于 2095m 之后。部分监测结果如图 6-10 所示。

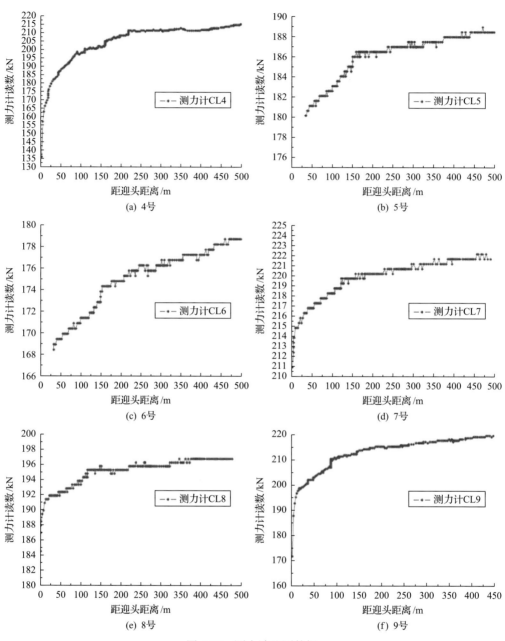

图 6-10　测力计监测数据

4 号测力计位于巷道里程 1690.4m，距迎头 150m 以内，测力计的读数从 136kN 以较快速度增长；在距离迎头 150m 后，随着巷道的掘进，测力计的读数增长变得缓慢并逐渐趋于稳定，稳定值为 215kN。

5 号测力计位于巷道里程 1701.2m，距迎头 150m 以内，测力计的读数从 180kN 以线性增长趋势增长至 186kN；在距离迎头 150m 后，随着巷道的掘进，测力计的读数增长变得缓慢并逐渐趋于稳定，稳定值为189kN。

6 号测力计位于巷道里程 1702.4m，与 5 号测力计的变化趋势类似，距迎头 200m 以内，测力计的读数从 168kN 以线性增长趋势增长至 176kN；在距离迎头 250m 后，随着巷道的掘进，测力计的读数增长变得缓慢并逐渐趋于稳定，稳定值为 179kN。

7 号测力计位于巷道里程 1728.8m，与 4 号测力计的变化趋势类似，距迎头 150m 以内，测力计的读数从 211kN 以较快速度增长；在距离迎头 150m 后，随着巷道的掘进，测力计的读数增长速度变得缓慢并逐渐趋于稳定，最终稳定值为 222kN。

8 号测力计位于巷道里程 1734.8m，距迎头 125m 以内，测力计的读数从 185kN 以较快速度增长至 195kN；在距离迎头 125m 后，随着巷道的掘进，测力计的读数增长速度变得缓慢并逐渐趋于稳定，稳定值为 222kN。

9 号测力计位于巷道里程 1764.8m，与 8 号测力计变化趋势一致，距迎头 100m 以内，测力计的读数从 171kN 以较快的速度增长至 211kN；在距离迎头 100m 后，随着巷道的掘进，测力计的读数增长速度变得缓慢并逐渐趋于稳定，稳定值为 220kN。

新支护方案下支护效果显著，可以有效控制巷道的围岩变形和顶板裂隙发育。与原支护相比，新支护方案顶板下沉量缩小 57%，两帮收缩量减小 33%，对巷道围岩的变形有良好的维护作用，特别是对顶板的支护效果更显著；锚固深度增加 76%，单支锚索预紧力平均提升 1.77 倍，说明高预紧和长锚固对巷道围岩张拉破坏区的控制可以起到良好的作用。

6.2 偏应力诱导巷道非均称破坏稳定控制实践

6.2.1 工程地质条件及评估

1. 巷道基本概况

淮南矿业集团朱集东煤矿-906 水平 11-2 槽煤标高约–930m，东翼采区共有 7 条岩石大巷为该水平煤层工作面服务，其平面布置如图 6-11 所示，剖面图如图 6-12 所示。

主要研究巷道为–885m 东一轨道大巷巷道所在区域及工作面，其综合柱状图如图 6-13 所示。巷道围岩主要为泥岩、砂质泥岩和粉砂岩。泥岩呈现深灰色，比较脆，当泥岩中含有砂质较高且砂质含量不均时就会变成砂质泥岩；粉砂岩呈现深灰色，局部含有薄软泥岩条带。

巷道群整体布置在一宽缓的背斜翼部，巷道群走向约为 110°，研究段巷道群轴向与背斜轴向基本平行，沿着巷道轴向发育有多条断层，大部分断层与巷道走向大角度斜交。研究区域主要出水层位于 11-2 煤层顶底板砂岩裂隙带内，由于该

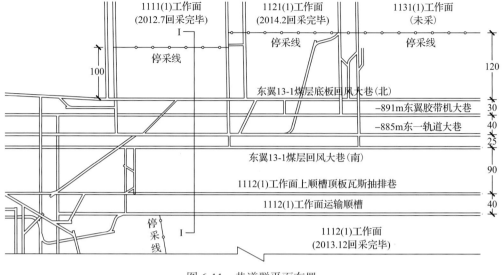

图 6-11 巷道群平面布置

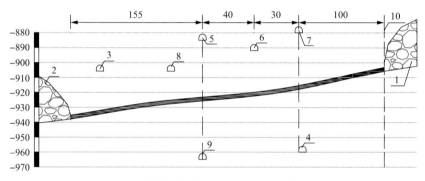

图 6-12 I—I 剖面图(单位：m)

1-1111(1)工作面采空区；2-1112(1)工作面采空区；3-1112(1)工作面上顺槽顶板瓦斯抽排巷；4-959m 东一回风大巷；
5-885m 东一轨道大巷；6-891m 东翼胶带机大巷；7-东翼 13-1 煤层底板回风大巷(北)；8-东翼 13-1 煤层回风大巷(南)；
9-965m(11-2)北盘区轨道大巷；10-北盘区停采线

区段 11-2 煤层顶底板砂岩距第四系含水层与太原组灰岩含水层距离较远，水力联系较弱，11-2 煤层顶底板砂岩水以静储量为主，出水时水量一般较小，出水延时不长，出水后很短时间水量便达到峰值，然后迅速减少，易于疏干。施工期间可能出现滴淋水现象。

2. 原有支护方案

研究巷道断面为直墙半圆顶，全部采用 U36 金属支架支护，具体情况如表 6-1所示。

3. 巷道变形破坏特征

在多个工作面采动影响下，巷道围岩表面整体表现出非均称变形特征。经过在矿区长达 2 年的跟踪观察，巷道在发生大变形破坏前往往呈现点、线非均称破坏，

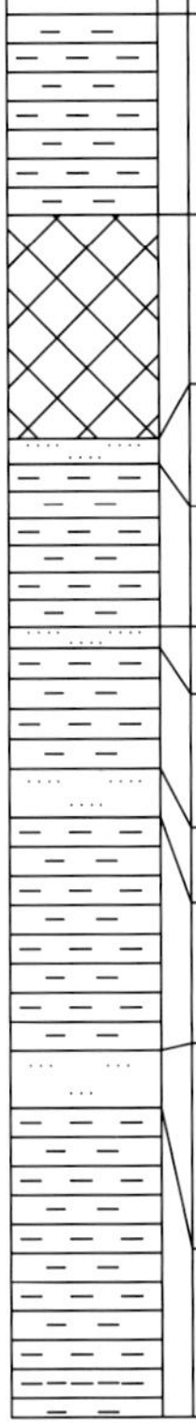

柱状	均厚/m	岩性	岩性描述
	13.45	泥岩	深灰~浅灰色，致密，性脆，具滑面及缓波状层理，局部见鲕状颗粒，上部夹薄层粉砂岩，下夹较多菱铁质结核，下部植化碎片较多，含铝质
	3.33	花斑泥岩	灰~青灰色，局部暗紫色，呈花斑状，具滑面构造及缓波状层理
	0.60	粉砂岩	青灰~暗紫色，呈花斑状，局部粒度达细粒结构，裂隙较发育，充填有方解石细脉
	3.82	泥岩	灰~深灰色，植物化石碎片向下含量较增，具缓波状层理及滑面构造，致密，性脆，夹薄层粉砂岩
	0.50	粉砂岩	灰~青灰色，含植化碎片，具滑面
	2.83	泥岩	灰~深灰色，含较多植物化石碎片，夹薄层粉砂岩及较多菱铁质结核，具滑面及缓波状层理
	1.14	粉砂岩	灰色，含植物化石碎片，具滑面构造
	5.46	泥岩	灰~深灰色，植物化石含量较多，夹薄层粉砂岩及菱铁质结核，具滑面及缓波状层理
	1.34	细砂岩	灰色，成分以长石为主，石英暗色矿物次之，裂隙较发育，充填有方解石细脉，具缓波状层理，泥硅质胶结
	16.28	泥岩	灰~深灰色，致密，性脆，局部夹暗紫色，呈花斑状，含较多植物化石碎片，夹薄层细砂岩及菱铁质结核，薄层粉砂岩，裂隙较发育，充填有方解石细脉

图 6-13 综合柱状图

表 6-1 巷道断面大小及支护方式

巷道名称	初始断面/(mm×mm)	支护方式
−885m 东一轨道大巷	5000×4100	架棚，棚距 700mm，局部补打锚索
−891m 东翼胶带机大巷	4800×4000	架棚，棚距 700mm，局部补打锚索
东翼 13-1 煤层回风大巷(南)	4800×4000	架棚，棚距 700mm，局部补打锚索
1112(1)工作面上顺槽顶板瓦斯抽排巷	5000×3700	架棚，棚距 700mm，1112(1)工作面侧补打 3 排锚索梁，锚索排距为 1400mm

在巷道全面失稳后也同样呈现非均称变形，主要包括一帮严重内挤、单个肩底角处支架弯折、底板非对称鼓起等，且往往在一定区域范围内破坏位置处于同一方位，一般巷道垂直围岩层理方向变形破坏最严重。

一帮严重内挤具体表现为巷道的一个帮部变形特别严重，而另一个帮部几乎没有变形或者变形较小，主要体现在巷道破坏前期。其具有同向性，即在一定区域范围内巷道破坏严重的帮部位于同一侧，往巷道走向方向看去呈现线性破坏特征，而在其他区域破坏的帮部可能位于另一侧，如图 6-14 所示。

(a) 右帮内挤　　　　　　　　　　　　　　　　(b) 左帮内挤

图 6-14　巷道一帮严重内挤

单个肩底角处支架弯折具体表现为巷道单个肩角或者底角破坏严重，其中单个肩角破坏较为常见，绝大多数巷道顶板初始破坏是从单个肩角开始破坏的，可以呈点状或者线状；而单个底角破坏一般在巷道破坏后期呈现，多是由于大量循环卧底造成巷道底角上翘，帮部支架弯曲，如图 6-15 所示。

(a) 顶角破坏　　　　　　　　　　　　　　　　(b) 底角破坏1

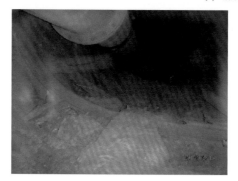

(c) 底角破坏2

图 6-15　巷道单个肩底角破坏

巷道非对称鼓起一般出现在受采动影响强烈的巷道区域，表现为巷道底板一侧鼓起比另一侧严重，如图 6-16 所示。

图 6-16　巷道非对称鼓起

4. 变形原理及影响因素分析

偏应力、岩层倾角、围岩各向异性力学性质、软弱夹层等都对巷道非均称变形有影响，结合巷道工程条件及变形特征，归纳总结影响巷道非均称变形的主要影响因素如下：

(1)偏应力大背景：大量工程地应力测量及数值模拟研究表明，褶皱区域的水平构造应力场占绝对优势。水平应力集中系数最高可达 1.81，垂直应力最大集中系数为 3.6，表明褶皱形成过程中改造原始水平应力场的程度大于改造垂直应力场的程度，这是褶皱区域侧压系数普遍高于其他区域的主要原因之一。而层状岩石顶板主要是受水平压应力作用产生离层，弯曲破坏，褶皱区域各个部位应力场分布差异极大，导致分布在褶皱不同区域巷道围岩应力存在明显不同，差距可达数倍。另外，巷道两帮、顶底板应力分布也具有明显的非均匀性。褶皱区域非均匀的应力分布环境对巷道非均称变形影响较大。

(2)岩层倾角：巷道围岩发生倾斜，一方面会导致围岩切向应力呈非均称分布；另一方面当围岩含有软弱夹层或围岩为复合岩层时，岩层倾斜导致巷道围岩力学性质呈非均称分布。数值模拟研究表明，无软弱夹层情况下，岩层倾斜也将导致巷道发生非均称变形。

(3)围岩整体性、完整性差：褶皱构造运动改变了地层形态和应力场分布，同时也造成区域岩层结构发生破坏，产生大量节理、裂隙等弱面，降低了区域岩石力学性质，导致巷道各个部位岩石裂隙发育程度、完整性明显不同，可能引起巷道非均称变形。

(4)围岩岩性非均称分布：褶皱形成造成区域岩层发生倾斜，极易导致巷道层状围岩性质出现非均称分布特征。由于巷道围岩倾斜，存在 3 个围岩软弱区，是巷道容易发生变形失稳的地方，往往也是巷道最终变形最大的地方，围岩自身结构缺陷进一步加剧了围岩性质非均称分布。

(5)围岩各向异性力学性质：巷道围岩各向异性力学性质导致巷道围岩切向应力呈现"四峰四谷"分布规律，在岩层发生倾斜时，围岩切向应力不再沿着巷道中轴面对称分布，而是沿着岩层面法线方向呈对称分布。

（6）软弱夹层（或弱化区）位置：巷道率先失稳的部位一般位于软弱夹层位置或围岩弱化区，且该部位也是巷道最终变形最为严重的区域，软弱夹层及弱化区非均称的分布也将导致巷道非均称变形。

（7）巷道围岩支护强度：大量工程实践表明，巷道围岩支护强度与巷道围岩变形量通常呈负相关关系，即巷道支护强度越大，变形越小。在当前支护技术创新不足的情况下，随着巷道支护难度的增大，一般采取提高巷道支护强度的方法来控制巷道围岩变形。在围岩应力环境、围岩力学性质不变的情况下，巷道支护强度大的部分变形小，支护强度弱的部分变形大。

6.2.2 巷道支护方案设计

根据巷道区域构造特征、围岩赋存条件确定巷道应力分布及围岩力学性质非均匀分布特征，判断巷道容易发生变形失稳部位，针对性地采取非对称支护设计，在应力集中或者围岩力学性质较差等关键位置采用锚杆索、注浆等加强支护，进一步提高巷道局部位置承载能力，避免巷道关键部位发生破坏失稳，使巷道围岩、支护结构形成整体的承载力学体系，充分发挥围岩自承载能力，保障巷道围岩的完整与稳定。孔庄矿−785m轨道大巷由于层理向巷道右侧倾斜 18°～32°，因此巷道右肩角及左侧底角变形严重，最后采用右肩窝关键部位增设一排锚索，同时底鼓剧烈部位布置双排底角锚杆，另一侧布置单排底角锚杆的非对称支护措施，有效控制了巷道变形。大量工程实践表明，采用单一支护方式难以有效控制褶皱区域巷道逐点破坏进而导致大变形破坏的变形特征。采用"三高"锚杆、封闭支架并结合注浆加固技术构建封闭、高强、可缩、均匀承载的加固圈。一方面，巷道各部位强化支护后可以有效消除褶皱区巷道应力、围岩性质非均称分布带来的点、线状非对称变形破坏；另一方面，可缩的高强加固圈可以适应高应力巷道围岩变形，吸收、释放围岩应力，并保障具有足够的支护阻力，防止巷道强矿压发生及围岩大变形。

充分利用支架可缩性、注浆固化破碎围岩特性及锚杆索主动支护效能等进行联合支护，强化各个单一支护方式的相互作用，期望最大程度发挥各个支护构件的性能。通过 3 种支护加固方式之间的协同作用，强化两帮、顶板及底板支护强度，最终形成封闭的承载体系，在巷道浅部破碎围岩形成一个封闭承载圈，将非均匀应力分布造成的局部集中应力扩散到整个承载体系，充分发挥承载圈支护效能，有效控制巷道围岩变形。其具体包括：①结合架棚支护、锚杆支护、深浅孔注浆加固等方式强化帮顶，加固形成拱形承载结构；②结合锚杆索支护、深浅孔注浆加固等方式加强底板支护，与帮顶拱形承载结构共同形成封闭承载圈，防止巷道因底板破坏失稳而导致整个巷道结构失稳；③强化巷道围岩薄弱区域支护，包括岩石力学性质薄弱区及应力集中区，在巷道围岩倾角较大时，巷道 4 个肩底角部位是应力集中区域，需要重点强化巷道 4 个肩、底角部位的支护。

1. 全封闭承载结构再造控制技术

1)加强支护+底板锚注

对于巷道以底板破坏为主，帮顶较为完整地段，巷道支架通过大量可缩后适应了巷道围岩变形，避免 U 型钢支架发生破断、扭曲现象，支架承载能力尚存。可首先采用锚索结合注浆对巷道底板进行有效支护，再通过注浆锚索加固巷道帮顶后形成帮顶承载加固区，充填围岩裂隙，改善巷道围岩松动破碎区域岩石力学性质，最终形成封闭承载结构，过程如图 6-17 所示。

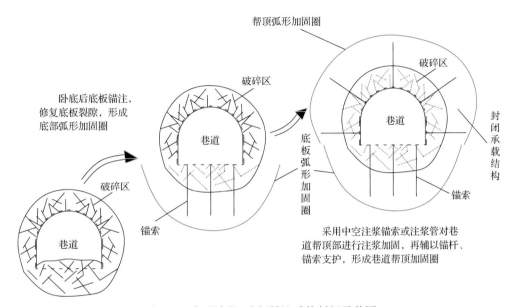

图 6-17 加强支护+底板锚注重构封闭承载圈

2)扩刷+底板锚注

对于巷道已发生大变形，支架破断折损严重的区域，巷道断面较小，已不能满足巷道运料、行人需求，需要进行扩刷重新架棚支护，采用注浆+锚杆、锚索支护方式重构帮顶弧形加固圈，底板仍然采用锚注方式构筑底板弧形加固圈，最终在巷道围岩浅部形成封闭的承载结构，如图 6-18 所示。

2. 具体支护参数

1)巷道扩刷修复方案

巷道破坏严重地段扩刷后采用 36#U 型钢支架重新支护，棚间距为 700mm，断面为 5400mm×4600mm，具体施工步骤及技术参数如下：

(1)卧底：采用人工风镐作业，卧底后进行整道。

(2)锁老棚梁：采用锚索结合棚卡的方式对老棚梁锁棚，一棚 2 道，两肩窝各一道，锚索规格为 ϕ21.8mm×6300mm 普通锚索；同时采用单体支柱对顶梁进行辅助支护。

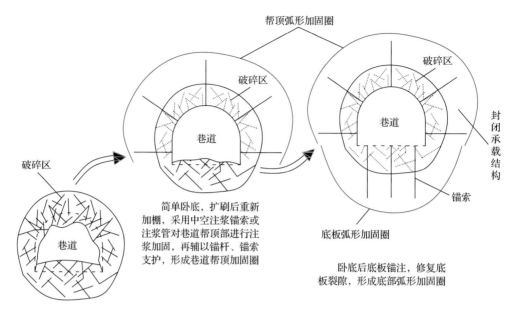

图 6-18　扩刷+底板锚注重构封闭承载圈

（3）刷帮：改棚断面扩刷采取刷帮、卧底不动顶的原则进行施工，采用人工风、手镐作业，两帮同时扩刷，直到巷道宽度达到设计要求。扩刷后采用锚杆结合钢筋笆片对扩刷出的新鲜帮部断面进行支护，锚杆规格为 $\phi 22mm \times 2500mm$，间排距为 $1000mm \times 1000mm$，顶上采用钢筋笆片结合单体支柱进行支护，局部采用锚杆支护。

（4）拆除棚腿：采用人工锯或烧焊切割方式拆除旧 U 型棚腿或局部变形棚梁。

（5）架新棚梁：采用套 36#U 型棚方式进行支护，初始采用锚杆（$\phi 22mm \times 2500mm$）固定 U 形棚棚梁（棚梁正中及两个肩窝各一组），在棚梁安装牢固后挖柱窝栽棚腿。当生根棚长度够使用前探梁时，改为前探梁做临时支护。前探梁用两根 4.5m 长工字钢梁，牢固吊挂在已架好的棚梁上，固定点不少于 3 个。上棚梁，钢筋笆片背顶与顶板接实，固定点用木楔、板皮楔紧。

（6）架新棚腿：顶板处理安全后，再挖腿窝，栽棚腿，棚腿扎角为 5°，棚距为 700mm，每棚 4 组拉条，拉条要齐全牢固有效，并呈一条直线。采用钢筋笆片背帮、过顶，钢筋笆片规格为 860mm × 560mm，搭接不小于 100mm，空帮处用煤、矸充填密实，空顶处采用水泥背板、木料或煤、矸接实。

（7）表面喷射混凝土：喷射混凝土强度为 C20，喷厚 70mm。混凝土配比为（质量比）水泥∶沙子∶瓜子片=1∶2∶2，水灰比为 0.45。

2）巷道扩刷修复方案

（1）卧底。卧底标准为：卧底距腰线 1610mm，人工风镐卧底，人工攉铲，矿车出货。

（2）浇筑地坪。因底板浅部围岩极为破碎，为了避免塌孔，需要临时浇筑地坪。地坪厚度为 200mm，材料配比为水∶水泥∶沙子=1∶2.5∶4。

（3）浅孔钻注。按先两边后中间的方式，先钻注 1500mm 孔，全部注完后，再钻注 2000mm 孔。每排布置 3 个孔，孔径为 42mm，间排距为 1300mm×1600mm，孔深 1500mm 与 2000mm 每排交错布置。注浆管分别长 2000mm 与 1200mm，2000mm 管前 1500mm 为花管，1200mm 管前 800mm 为花管。浅孔采用棉纱和水泥封孔，封孔长度不小于 300mm。水灰比为 0.75，注浆材料为 P.O 42.5 普通硅酸盐水泥，注浆压力为 2MPa，稳压后 30s 转入下一孔注浆，具体布置方式如图 6-19（a）所示。

（4）深孔钻注。浅孔注浆 24h 后，采用架柱支撑式钻机（ZQJJ120/2.3）打孔。按先两边后中间的方式，先按排距为 3200mm 打两侧孔注浆，全部锚注完后，再依次凿钻中间注浆孔，依次锚注。每排布置 3 个孔，孔径为 60mm，间排距为 1500mm×1600mm，孔深为 7000mm，注浆管长 4000mm，采用 2 根 2000mm 长的 6 分注浆管连接起来，其中 1 根 2000mm 注浆管前段 1500mm 为花管，另一根 2000mm 注浆管为实管；锚索为 ϕ21.8mm×6300mm 普通锚索。深孔采用棉纱和快硬水泥封孔，封孔长度不小于 800mm。水灰比为 0.75，注浆材料为 P.O 42.5 普通硅酸盐水泥，注浆压力为 4～5MPa，稳压 3～5min。

（5）下地梁/托盘张拉锚索。深孔注浆 48h 后，两侧下地梁，中间安装双托盘。地梁长 2000mm，一梁 2 孔，孔距 1600mm，梁为 11# 工字钢，巷道走向放置，开孔孔径 32mm，并倒楞，张拉力不小于 30MPa（150kN）。托盘为 300mm×300mm×10mm 大托盘。地梁托盘布置方式如图 6-19（b）所示。

（6）调道铺道渣。分段调道，采用碎石将锚索外露段掩埋，厚度为 150～300mm。

6.2.3 矿压监测与效果分析

对–885m 轨道大巷底板锚注试验段进行矿压监测，累计观测时间为 100 天，在试验段距两端 20m 处各安装一个测站，具体矿压显现规律如图 6-20 和图 6-21 所示。

KD1 测站矿压监测显示，观测期间巷道两帮变形量为 66mm，平均变形速度为 0.66mm/天；顶板累计下沉量为 10mm，底板累计变形量为 40mm，平均变形速度为

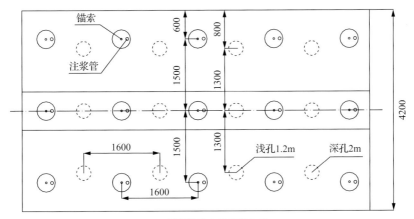

(a) 底板锚注支护布置方式

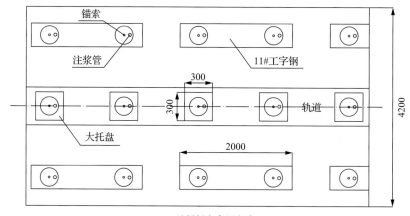

(b) 地梁托盘布置方式

图 6-19　支护布置方式（单位：mm）

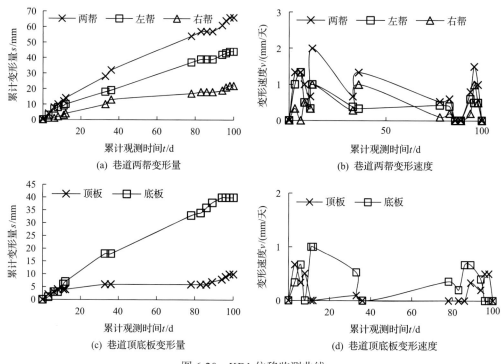

(a) 巷道两帮变形量　　(b) 巷道两帮变形速度

(c) 巷道顶底板变形量　　(d) 巷道顶底板变形速度

图 6-20　KD1 位移监测曲线

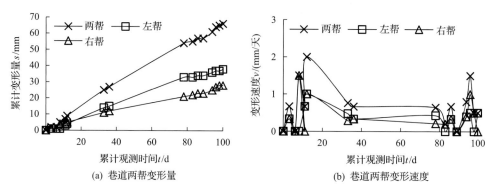

(a) 巷道两帮变形量　　(b) 巷道两帮变形速度

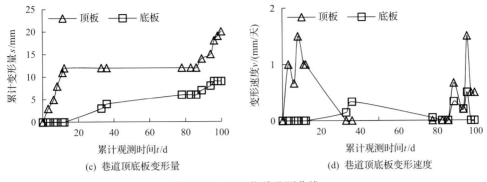

(c) 巷道顶底板变形量   (d) 巷道顶底板变形速度

图 6-21 KD2 位移监测曲线

0.4mm/d。可以看出，巷道底板变形目前已经稳定，而顶板和两帮还在继续变形，需要进一步加固处理。

KD2 测站矿压监测显示，观测期间巷道两帮变形量为 66mm，平均变形速度为 0.66mm/天；顶板累计下沉量为 20mm，底板累计变形量为 9mm。从该测站观测数据可以看出，巷道两帮在底板锚注完成后，两帮变形速度呈先增大后减小的趋势，近两个月变形速度基本维持在 0.6mm/d 左右；而底板前期没有发生变形，但后期发生了微量的底鼓，底鼓量极小，呈台阶状。

锚索工作阻力监测曲线如图 6-22 所示，可以看出锚索工作阻力增长速度较慢，平均增长速度仅为 0.22MPa/d，累计增长量为 22.2MPa，锚索工作阻力最终稳定在 179kN，但锚索初始预紧力低，只有 68kN，与表面收敛监测数据显示底板已基本稳定的结论相对应。

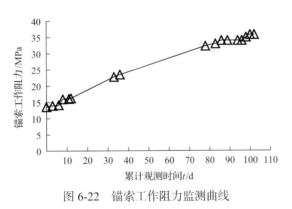

图 6-22 锚索工作阻力监测曲线

6.3 深井煤巷岩体与锚固结构整体性流变控制实例

6.3.1 工程地质条件及评估

1. 工程地质条件

选择典型的深井软岩煤巷——郑州矿区新郑煤电公司 12205 工作面回采巷道为

试验地点。郑州矿区位于河南省西南部，为 13 个国家大型煤炭基地之——河南基地规划的六大矿区之一，区内主要开采的二叠系山西组二₁煤是在聚煤期后经多期重力滑动构造强烈挤压、张拉及滑动剪切综合作用下形成的构造煤层，并且全层已发生塑性流变，煤体呈片状、鳞片状或块状，手试强度极低，坚固性系数 f 普遍小于 0.1～0.3，煤层结构极其疏松破碎。受极软煤层赋存条件影响，2013 年以前，郑州矿区煤巷支护一直以被动支护为主。近年来随着矿井开采深度不断加大，巷道支护方式不仅从普通金属支架升级为 U 型钢可缩性支架，而且 U 型钢型号也由 U25 逐步加大至 U36。U 型钢支架投入费用高、运输量大、回收率低、职工劳动强度大，而且工作面回采前巷道断面收缩严重，工作面端头需超前扩修、替棚，这严重影响了工作面的推进速度，且存在一定的安全隐患。另外，采用被动支护难以发挥煤体自身的承载能力，巷道围岩表现为整体来压，顶板下沉严重，两帮强烈内移，断面收缩量大，如图 6-23(a) 所示。在这种情况下，支护体间隙中的松散煤体易产生挤压流变，U 型钢支架发生扭转甚至变形失稳，即使采用高阻可缩特性的重型 U 型钢支架，也难以适应和控制巷道围岩的强烈变形。

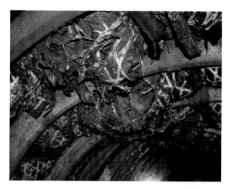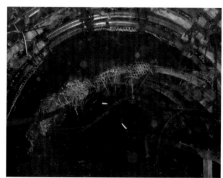

(a) U型钢棚支护巷道围岩变形状况

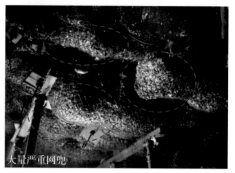

(b) 锚网支护巷道变形状况

图 6-23　深井软岩煤巷变形失稳特征

郑州煤炭工业集团于 2013 年开始积极尝试锚网支护。但是，在极软煤巷掘进过程中，顶板及帮部的松软煤体稳定性差，巷道掘进速度慢，顶煤易漏冒，帮部煤体易大面积片落，实施锚网支护困难，如图 6-24 所示。在巷道服务期间，围岩易产生强烈大变形失稳,需要多次翻修以满足巷道使用断面要求,如图 6-23(b)所示。其中,针对极软煤巷掘进期间煤体易冒落、片帮严重的难题,部分巷道掘进工作面尝试使用静压中深孔注水工艺。该工艺的施工参数为:采用深度为 6m 的多根钻孔进行静水压力注水,提高巷道掘进断面及周围 0~2m 范围内煤体的含水率(由 0.95%提升到 3.65%)。虽然煤岩的强度和弹性小幅度降低,但煤体黏聚力和抗剪强度得到一定提升,其变形向塑性转化,煤体的稳定性得到提高。这在一定程度上可以减小掘进过程中煤体漏冒和片落的强烈程度(未经特殊说明,本书所指巷道都是未采取注水措施的自然含水率煤层巷道)。

图 6-24 极软煤巷掘进工作面概况

目前该矿区极软煤巷锚网支护方案可见新郑煤电公司 12205 工作面回采巷道支护图(图 6-25),其具体支护参数为:锚杆采用 ϕ20mm×2400mm 高强螺纹钢树脂锚杆,锚杆间排距为 800mm×800mm,顶板锚索规格为 ϕ17.8mm×6200mm 钢绞线,采用菱形金属网进行护表。现有锚网支护条件下,极软煤层巷道围岩易强烈流变,产生极不均匀大变形[图 6-23(b)],采用菱形网等柔性网时,常出现明显"鼓包"大变形现象,锚杆被"拉"进煤体,而锚杆周围煤体却"鼓"出来。

2. 失稳原因分析

针对极软煤巷地质概况及围岩变形特征,分析其失稳原因如下。

1)对极软煤巷围岩力学特性的认识不足

极软煤体强度极低,在巷道围岩压力/强度比较大时,煤体极易因过载而变形,且变形速度极快。U 型钢棚支护属于被动支护,只有在围岩发生一定变形的条件下 U 型钢棚才能承载,而当围岩发生快速变形时,结构松散的煤体易从支护体间隙中挤出,而 U 型钢因其材料的截面特点,垂直于轴线的平面内具有各向异性,围岩对支护体的作用力方向复杂,造成支护体在承载能力最弱的方向上首先破坏,其承载能力和稳定性显著降低。尤其当巷道围岩变形速度加快时(进入加速蠕变阶段),U

型钢支架将快速失稳，进而发生扭转变形失稳。

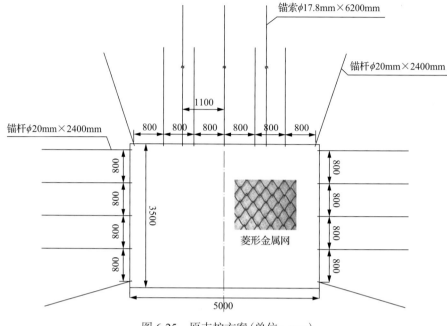

图 6-25 原支护方案（单位：mm）

另外，极软煤在单轴蠕变试验条件下变形速度远超一般软岩，极易在短时间内发生加速蠕变破坏，蠕变量可达瞬时变形量的数倍乃至数十倍以上。在极软煤巷掘进过程中，沿用以往其他煤岩巷道掘进和支护施工方法，未注重实施全断面及时锚网支护，导致极软煤体无支护的时间较长，围岩快速失稳、强度难以保持、顶煤易漏冒、帮部围岩易片落等现象频发，实施锚网支护后，围岩承载效果也难以保证。掘进迎头超前注水工艺对极软煤巷围岩的长期稳定性具有显著的不利影响。从该角度考虑，不建议对掘进工作面极软煤体进行超前注水。

2) 现有支护措施缺乏针对性，支护参数不合理

在菱形网护表条件下，由于网的柔性大，其护表阻力小、效果差，锚杆间的煤体变形得不到有效控制，引起巷道围岩应力向围岩深部转移，导致锚杆的握裹力不断下降，从而引起锚杆锚固力降低并造成锚固系统整体渐进失效。锚固模型试验研究结果表明，极软煤体对支护应力和围岩压力的变化极其敏感，目前锚杆的预紧力较低（仅 20kN 左右），锚杆承载性能较差，主要表现为：锚杆增阻速度慢，该过程中围岩变形量较大；受巷道掘进影响，锚杆轴力和托锚力会出现较大幅度的衰减（轴力最大下降约 26%）；锚杆支护阻力较低，对围岩变形的抑制作用较弱，围岩长期变形条件下蠕变速率高、蠕变量大，易发生非线性加速变形；在采动引起的高应力影响下，极软围岩经受较高的偏应力，易产生加速蠕变，锚杆锚固性能易失效，承载性能不稳定。

3) 极软煤巷围岩蠕变特性强，锚固承载系统结构稳定性差

无论是 U 型钢棚支护或是锚网支护，都是在巷道浅部围岩中形成一定的承载结构(或称叠加作用区)，而承载结构的承载能力及其稳定性是巷道稳定的关键。极软煤体具有强度低、时效性强的特点，而现有锚网支护条件下，锚杆预紧力和菱形网刚度低，支护作用扩散范围较小，锚杆之间存在明显的支护作用薄弱区，在围岩长期快速蠕变或(采动引起的)高应力作用下，该区极易产生非线性加速变形，成为挤压大变形的突破口，引起支护-围岩系统产生渐进式结构失稳。更严重的是，目前的支护方案没有考虑围岩的长期稳态蠕变特性和限制煤体加速变形的支护措施(尤其是帮部支护强度较低)，没有利用围岩的蠕变规律在合理时机采取相应的补偿加固措施，尤其是高应力影响下，煤体瞬时变形量更大且蠕变速度更快，锚固承载结构的稳定性受到更大的冲击，最终造成巷道产生强烈的大变形破坏，影响巷道的安全使用。

6.3.2　巷道支护方案设计

1. 控制原则

针对极软煤巷在掘进和围岩长期维护过程中存在的技术难题和围岩失稳原因分析结果，基于极软煤巷围岩控制原则，提出以下松软煤巷锚网支护关键技术。

1) 极软煤巷掘进工作面防漏冒、防片帮技术

从减少巷道支护过程中空顶空帮时间和补强锚网支护作用薄弱部位两个方面考虑，在巷道掘进过程中，超前已完成锚网支护断面半个排距实施超前结构补偿锚杆。这一方面实现结构补偿锚杆超前加固悬空顶煤，防止煤体单轴状态下的快速失稳；另一方面促使补偿锚杆与已有锚杆之间形成互补作用，强化锚网支护承载结构，解决掘进迎头顶煤易漏冒和掘进迎头后方锚杆承载能力易弱化导致锚固结构不稳定的问题，保证锚网支护顺利实施。

2) 极软煤巷围岩稳定性控制技术

采用预应力、加长锚固锚杆与金属网支护系统控制极软煤巷围岩稳定的关键在于：强化锚杆承载性能的同时，应注重锚杆之间极软煤体与支护构件在结构、强度、刚度、时间方面的耦合作用，有效地控制锚杆群之间松软煤体流变破坏和极不均匀变形，并保证锚固围岩系统的承载结构长期稳定。其具体包括以下内容：

(1) 锚杆预紧力矩不小于 250N·m(实测约 40kN)，并配合使用钢带或钢筋梯子梁提升护表刚度。

(2) 锚网支护中的护表构件使用双层网，内层网采用钢塑网防止极松散破碎煤体流失，保持围岩的整体性，充分利用围岩的自承载能力；外层网使用高强度钢筋网提高护表强度和刚度，一方面防止围岩产生一定变形后因网片强度不足而产生极限破坏引起的支护失效，另一方面防止因网片刚度不足引起支护作用分布极不均匀。

上述两个方面构成了基本锚网支护。

(3)完成巷道基本锚网支护后，选择在围岩衰减蠕变结束时(围岩变形速率初步趋于稳定时)施加结构补偿锚索。这一方面适当释放围岩压力；另一方面增大支护力，减小围岩稳态蠕变速率，延长非线性加速启动时间，显著提高锚固承载结构的长期稳定性。此外，在锚网支护作用的薄弱部位，即每个支护单元中的弱稳定性部位(4根锚杆之间)实施结构补偿锚索，使得基本支护与补偿构件的支护作用协同互补，如图 6-26 所示。

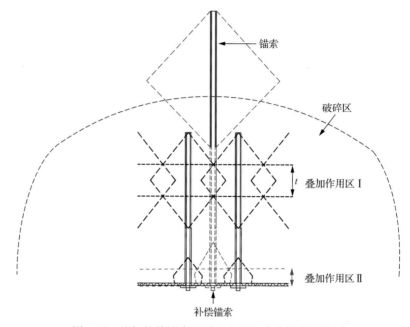

图 6-26 施加补偿锚索后预应力锚网支护的锚固作用

2. 支护工艺与支护方案

1)巷道掘进工作面易漏冒、易片帮地段的锚网支护工艺

其具体实施步骤如下：

(1)巷道掘进时，沿巷道轴向，按照循环步距依次进行掘进和锚网支护。在已完成锚网支护断面前方，巷道掘进半个锚杆排距后，在巷道顶板安装超前结构补偿锚杆，并及时预紧。其中，循环步距等于锚杆排距，预应力超前结构补偿锚杆与正常锚网支护断面的锚杆错开半个锚杆间排距，锚网支护断面的锚杆与超前结构补偿锚杆参数一致。

(2)巷道继续掘进半个锚杆排距。

(3)在巷道顶部按照预先设计的锚网支护技术方案施工正常的锚网支护，并预紧锚杆。

(4)开展下一循环的施工，直至完成巷道掘进和锚网支护工作，实施步骤如图 6-27 所示。

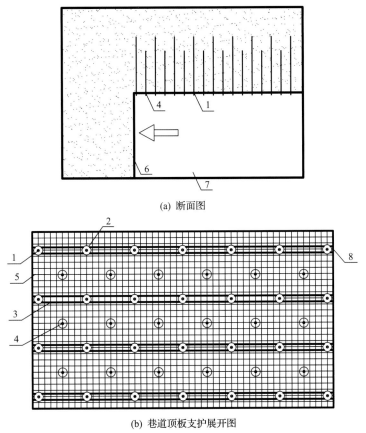

(a) 断面图

(b) 巷道顶板支护展开图

图 6-27 巷道掘进过程中顶板锚网支护工艺

1-正常锚网支护断面中的锚杆；2-锚杆托盘；3-钢筋梯子梁；4-超前结构补偿锚杆；
5-钢筋网片；6-掘进迎头；7-巷道；8-正常锚网支护断面

同样，帮部锚网支护需要紧跟迎头施工，当出现片帮严重地段时，需要实施上述超前加固方式，实施步骤与顶板相同。需要说明的是，帮部和顶板超前补偿锚杆施工个数可根据掘进过程中煤体漏冒或片落的严重程度自主调整。在不发生漏冒地段，可按照锚网支护技术方案实施，不再施工超前补偿锚杆。

2) 极软煤巷围岩支护方案

极软煤巷围岩支护方案主要包括基本支护和补偿加固两个部分。

(1) 基本支护。

基本支护包括两个支护断面，如图 6-28(a) 所示，基本锚网支护方案如图 6-28(b) 所示。锚杆采用 $\phi 20mm \times 2400mm$ 高强螺纹钢树脂锚杆，锚杆间排距为 800mm×800mm，采用规格为 $\phi 17.8mm \times 6200mm$ 1860 钢绞线的锚索加强顶板支护；锚杆锚固剂采用 K2350(孔底) 和 Z2350 各一根，锚索锚固剂采用 K2350(孔底) 一根和 Z2350 两根；锚杆预紧力矩不低于 250N·m(实测约 40kN)，锚索张拉力不低于 120kN；锚杆托盘为 150mm×150mm×10mm 鼓型托盘。

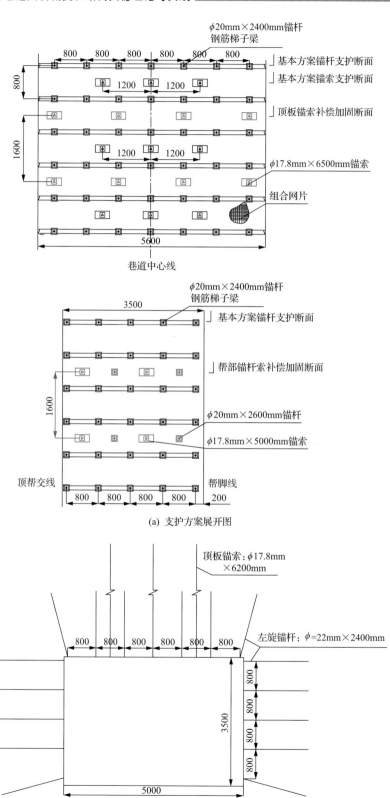

(a) 支护方案展开图

(b) 基本支护断面图

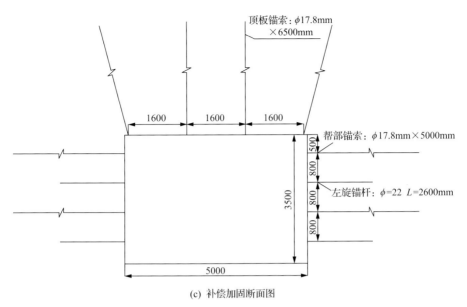

(c) 补偿加固断面图

图 6-28　钢塑网结构（单位：mm）

同时，由于极软煤体强度极低，而锚索预紧力普遍较高，在托盘边缘的煤体容易因应力集中而破坏，因此需要扩大托板面积，锚索托盘为 300mm×300mm×10mm 大托盘；采用高强度金属网和小网孔钢塑网进行联合护表，钢筋网直径为 6mm，网孔为 100mm×100mm；钢塑网是由聚丙烯塑料与钢丝的复合材料构成的纵向与横向拉筋通过节点交叉连接而成的平面网格，网孔为 30mm×30mm，如图 6-29 所示；另外，采用钢筋梯子梁沿巷道周向布置，将同断面锚杆连成整体，钢筋梯子梁为直径 14mm 的圆钢。

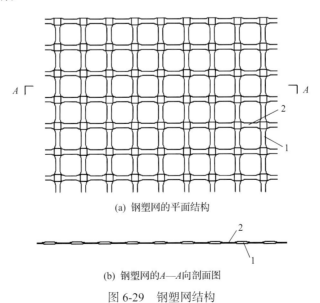

(a) 钢塑网的平面结构

(b) 钢塑网的A—A向剖面图

图 6-29　钢塑网结构

1-材质为聚丙烯塑料与钢丝的复合材料的纵向拉筋；2-横向拉筋

(2)补偿加固。

补强加固方案如图 6-28(c)所示。实施基本锚网支护后，在巷道浅部煤体中形成具有自承载能力的锚固承载结构，根据补偿加固时机的要求，待围岩经历快速衰减变形后(围岩变形速率趋于初次稳定时)开始施加补偿加固。顶板锚索规格为 ϕ 17.8mm×6500mm 1860 钢绞线(补偿锚索长度较基本支护中锚索的更长，主要为了与基本支护锚索错开锚固基点)，帮部锚索为 ϕ17.8mm×5000mm 1860 钢绞线，锚杆为 ϕ20mm×2600mm 高强螺纹钢树脂锚杆。锚固剂、预紧力及托盘参数同基本锚网支护。

6.3.3　矿压监测与效果分析

本试验以巷道表面位移作为反映围岩变形程度的综合指标。在巷道掘进与基本锚网支护完成后，迅速布置围岩表面位移监测断面，实时观测围岩变形量并计算围岩变形速度。待围岩变形速率初次出现稳定时，施加补偿加固措施，围岩变形监测直至临近回采工作面。位移监测结果如图 6-30 所示，极软煤巷锚网支护技术控制效果如图 6-31 所示。

由图 6-31(a)可见，本节提出的极软煤巷锚网支护技术方案在现场实施比较顺利。由图 6-30 可见，随着距离掘进工作面距离增大，巷道围岩变形速度逐渐减小。该阶段围岩变形包括极软围岩的快速衰减蠕变和掘进扰动影响下的围岩变形，尤其是当距离掘进工作面 10～70m 范围内，掘进扰动明显，围岩变形速度周期性增大，在掘进扰动影响范围内对锚杆进行了二次以上的紧固。当距离掘进工作面约 130m 时，顶底板围岩变形速度趋于初次稳定值，两帮变形速度在 150～160m 时趋于初次稳定。因此，在滞后巷道掘进迎头 150m(约 30 天)时施加了补偿加固方案，之后围岩经历了长期的稳态变形阶段且围岩变形速率较小，直至临近回采工作面，围岩未发生非线性加速变形，顶底板移近量最大为 268mm(巷道维持约 200 天)，两帮移近

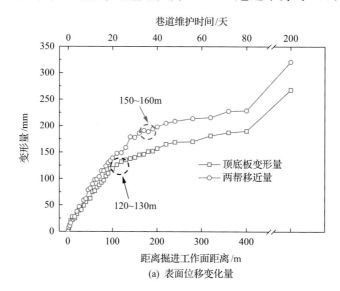

(a) 表面位移变化量

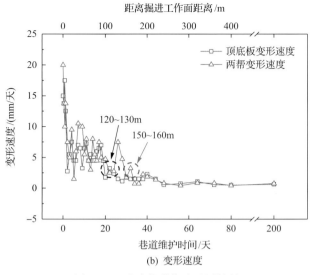

(b) 变形速度

图 6-30　试验巷道位移监测结果

(a) 掘进迎头实施情况

(b) 直至临近回采工作面时围岩控制效果

图 6-31　极软煤巷锚网支护技术控制效果

量最大为322mm,围岩长期控制效果较好,可以满足巷道安全使用要求,如图6-31(b)所示。目前,极软煤巷锚网支护技术已在郑州矿区各主力矿井大力推广使用,取得了良好的技术经济效益。

需要指出的是,本节只是提出了极软煤巷支护的基本形式,基本解决了极软煤巷围岩的控制难题,但是支护参数还需要结合现场实测数据和数值模型计算进一步优化,尤其需要对比不同补偿加固时机下围岩变形的控制效果,验证和优化补偿加固时机。